Mechanik

Rupert Strobl

Mechanik

Statik

Rupert Strobl
Salzburg, Österreich

ISBN 978-3-658-47786-8   ISBN 978-3-658-47787-5   (eBook)
https://doi.org/10.1007/978-3-658-47787-5

Die Deutsche Nationalbibliothek verzeichnet diese Publikation in der Deutschen Nationalbibliografie; detaillierte bibliografische Daten sind im Internet über https://portal.dnb.de abrufbar.

© Der/die Herausgeber bzw. der/die Autor(en), exklusiv lizenziert an Springer Fachmedien Wiesbaden GmbH, ein Teil von Springer Nature 2025

Das Werk einschließlich aller seiner Teile ist urheberrechtlich geschützt. Jede Verwertung, die nicht ausdrücklich vom Urheberrechtsgesetz zugelassen ist, bedarf der vorherigen Zustimmung des Verlags. Das gilt insbesondere für Vervielfältigungen, Bearbeitungen, Übersetzungen, Mikroverfilmungen und die Einspeicherung und Verarbeitung in elektronischen Systemen.
Die Wiedergabe von allgemein beschreibenden Bezeichnungen, Marken, Unternehmensnamen etc. in diesem Werk bedeutet nicht, dass diese frei durch jede Person benutzt werden dürfen. Die Berechtigung zur Benutzung unterliegt, auch ohne gesonderten Hinweis hierzu, den Regeln des Markenrechts. Die Rechte des/der jeweiligen Zeicheninhaber*in sind zu beachten.
Der Verlag, die Autor*innen und die Herausgeber*innen gehen davon aus, dass die Angaben und Informationen in diesem Werk zum Zeitpunkt der Veröffentlichung vollständig und korrekt sind. Weder der Verlag noch die Autor*innen oder die Herausgeber*innen übernehmen, ausdrücklich oder implizit, Gewähr für den Inhalt des Werkes, etwaige Fehler oder Äußerungen. Der Verlag bleibt im Hinblick auf geografische Zuordnungen und Gebietsbezeichnungen in veröffentlichten Karten und Institutionsadressen neutral.

Springer Vieweg ist ein Imprint der eingetragenen Gesellschaft Springer Fachmedien Wiesbaden GmbH und ist ein Teil von Springer Nature.
Die Anschrift der Gesellschaft ist: Abraham-Lincoln-Str. 46, 65189 Wiesbaden, Germany

Wenn Sie dieses Produkt entsorgen, geben Sie das Papier bitte zum Recycling.

Inhaltsverzeichnis

1	**Masse, Kraft, Gravitation**	1
2	**Axiome der Statik**	5
	2.1 Trägheitsaxiom	5
	2.2 Zwei-Kräfte-Gleichgewichtsaxiom	5
	2.3 Axiom über das Hinzufügen bzw. Entfernen einer Zwei-Kräfte-Gleichgewichtsgruppe	6
	2.4 Parallelogrammaxiom	7
	2.5 Axiom über die Wechselwirkung der Kräfte (*actio = reactio*)	10
	2.6 Erstarrungsaxiom	10
	2.7 Befreiungsaxiom – Freimachen von Bauteilen	10
	2.7.1 Flexible Bauteile (Seile, Ketten, Riemen, etc.)	11
	2.7.2 Zweigelenkstäbe	11
	2.7.3 Lager, Einspannung	12
3	**Drehmoment, Kräftepaar**	15
4	**Resultierende Kraft, resultierendes Moment**	19
	4.1 Resultierende Kraft von 3 Kräften, die sich nicht in einem Punkt schneiden (allgemeines Kraftsystem)	20
	4.2 Resultierende Kraft von 2 parallelen Kräften	22
	4.3 Beliebig viele Kräfte am starren Körper – Seileckverfahren	25
5	**Gleichgewicht von Kräften (ebenes Kraftsystem)**	27
	5.1 Schlusslinienverfahren	30
6	**Freiheitsgrad eines Körpers**	33
7	**Schwerpunkt von Linien und Flächen**	35
	7.1 Schwerpunkt von Linien	35
	7.2 Schwerpunkt von Flächen	37
	7.3 Guldin'sche Oberflächenregel	39
	7.4 Guldin'sche Volumenregel	39

8	**Gleichgewicht – Standsicherheit**	41
9	**Reibung**	43
	9.1 Reibung in einer Keilnut	47
	9.2 Spurzapfenreibung	48
	9.3 Lagerreibung	49
	9.4 Schraube	50
	9.4.1 Schraube mit Flachgewinde	50
	9.4.2 Schraube mit Trapez- oder Spitzgewinde	52
	9.5 Rollreibung	54
	9.6 Seilreibung	54
10	**Fachwerke**	59
	10.1 Statisch bestimmte und statisch unbestimmte Fachwerke	59
	10.2 Rechnerische Lösung	60
	10.3 Zeichnerische Lösung – Cremona Plan	62
	10.4 Ritterschnitt (Dreistäbeschnitt)	64
11	**Der Vektor eines Kräftepaares, der Momentenvektor**	67
12	**Räumliches Kräftesystem**	69
	12.1 Reduktion des Raumkraftsystems	69
	12.2 Gleichgewichtsbedingungen bei einem Raumkraftsystem	70
Literatur		81
Stichwortverzeichnis		83

Masse, Kraft, Gravitation

Masse

Die Masse ist eine Körpereigenschaft, die jeder Körper besitzt. Dabei handelt es sich um eine skalare Größe, die nur einen Betrag, aber <u>keine</u> Richtung hat. Die Basis SI-Einheit der Masse ist das Kilogramm [kg]. Aus dem Volumen und der Dichte eines Körpers lässt sich die Masse bestimmen (siehe Tab. 1.1).

$$\boxed{m = V \cdot \rho} \qquad (1.1)$$

m .... Masse [kg] V .... Volumen $[m^3]$ ρ .... Dichte $\left[\frac{kg}{m^3}\right]$

Tab. 1.1 Dichte von einigen Stoffen

Stoff	Dichte $\left[\frac{kg}{m^3}\right]$
Wasser, 4°C	1000
Eisen, 20°C	7873
Luft, 20°C, 1 bar	1.189
Gesteine ca.	2700
Holz, trocken	470 bis 750
Atomkern	10^{17}

Beispiel 2.1 – *Masse einer Kugel:*
Bestimme die Masse einer Kugel aus Eisen mit dem Durchmesser $d = 65$ mm ($V = \frac{4}{3}\pi r^3$).
(Lösung: 1.13 kg)

Beispiel 2.2 – *Radius eines Zylinders:*
Bestimme den Radius eines 10 cm langen Zylinders aus Eisen mit einer Masse von 9 kg.
(Lösung: 60.3 mm)

Prinzip von der Erhaltung der Masse
In einem abgeschlossenen System ist die Gesamtmasse konstant.

Kraft
Die auf einen Körper wirkende Kraft F ist das Produkt aus der Masse m und der an ihm erzielten Beschleunigung a[1].

$$\boxed{F = m \cdot a} \qquad \text{Newton'sches Gesetz} \qquad (2.1)$$

F ... Kraft [N] $\qquad m$ ... Masse [kg] $\qquad a$ ... Beschleunigung $\left[\frac{m}{s^2}\right]$

Die Kraft hat einen Betrag und eine Richtung. Sie ist also ein Vektor. Bildlich kann man sich einen Vektor als Pfeil vorstellen, der eine bestimmte Länge (Betrag) und eine bestimmte Wirkrichtung (Orientierung) aufweist. Dies ist durch die Länge des Pfeiles, die Pfeilspitze und den Winkel α für den Vektor F in Abb. 2.1 beispielhaft dargestellt.

Bestimmungsgrößen für einen Vektor
Ein Vektor hat
- einen Betrag und
- eine Orientierung

Abb. 2.1 Bestimmungsgrößen eines Vektors: Beispielhaft weist die Kraft F eine Länge (Betrag) und eine Richtung (Winkel α) auf.

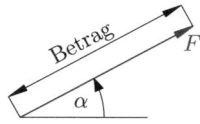

---

[1] Isaac NEWTON 1643–1727

1 Masse, Kraft, Gravitation

Beispiel 3.1 – *Schiff:*
Ein Schiff mit einer Masse von 20000 t soll am Hafen abgebremst werden. Die Geschwindigkeit des Schiffs beträgt $1\,\frac{cm}{s}$, die Abbremszeit 2 s.
Bestimme die auf das Schiff wirkende Bremskraft, wenn die Verzögerung zeitlich konstant ist.

Lösung: Die Beschleunigung (Verzögerung) a ergibt sich aus der Anfangsgeschwindigkeit und der Bremszeit.

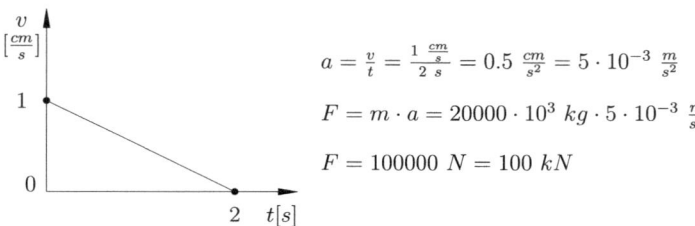

$$a = \frac{v}{t} = \frac{1\,\frac{cm}{s}}{2\,s} = 0.5\,\frac{cm}{s^2} = 5 \cdot 10^{-3}\,\frac{m}{s^2}$$

$$F = m \cdot a = 20000 \cdot 10^3\,kg \cdot 5 \cdot 10^{-3}\,\frac{m}{s^2}$$

$$F = 100000\,N = 100\,kN$$

Gravitation:

> Die Gravitation ist eine zwischen allen Körpern auftretende Wechselwirkung. Zwei Körper ziehen sich durch Gravitation stets an.

Mit dem Gravitationsgesetz lässt sich die Anziehungskraft zwischen den beiden Körpern bestimmen.

$$\boxed{F_G = \frac{G \cdot M \cdot m}{r^2}} \quad \text{Gravitationsgesetz} \tag{3.1}$$

F_G ... Gravitationskraft [N]
M ... Masse der Erde [$M \approx 5.97 \cdot 10^{24}$ kg]
m ... Masse des Körpers [kg]
G ... Gravitationskonstante $\left[G = 6.672 \cdot 10^{-11}\,\frac{\text{N} \cdot \text{m}^2}{\text{kg}^2}\right]$
r ... Abstand des Körpers vom Mittelpunkt der Erde [m]
   ($Erdradius \approx 6.37 \cdot 10^6$ m)

An der Erdoberfläche lässt sich die Erdbeschleunigung g ermitteln, wenn man für den Abstand der Körper den Erdradius r_0 einsetzt. Daraus ergibt sich die Erdbeschleunigung g zu:

$$\boxed{g = \frac{G \cdot M}{r^2}} \tag{3.2}$$

Abb. 4.1 Gravitationsbeschleunigung g als Funktion des Abstands vom Erdmittelpunkt r (r_0 ... Erdradius)

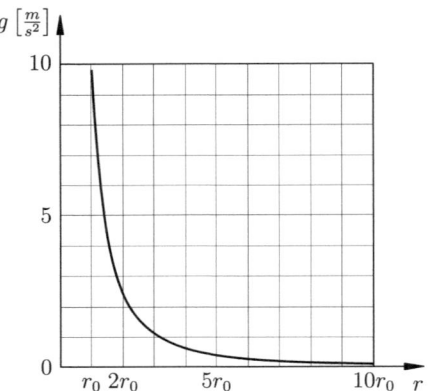

Auf der Erde ($r = r_0$) beträgt $g = 9.81 \, \frac{\text{m}}{\text{s}^2}$ (siehe Abb. 4.1).
Die von der Erde auf einen Körper ausgeübte Kraft nennt man Gravitationskraft, Gewichtskraft, oder Schwerkraft F_G.

$$\boxed{F_G = m \cdot g} \tag{4.1}$$

Da die Erde keine exakte Kugel ist, ist der Radius nicht konstant, was bewirkt, dass die Erdbeschleunigung von der geographischen Lage abhängt. Die Abweichung ist allerdings gering, weshalb der Einfluss der nicht ganz exakten Kugelform meist vernachlässigbar ist.

Axiome der Statik

2.1 Trägheitsaxiom

Ein kräftefreier Körper bewegt sich mit konstanter Geschwindigkeit entlang einer Geraden oder ruht.

2.2 Zwei-Kräfte-Gleichgewichtsaxiom

Wirkt auf einem Körper, wie in Abb. 5.1, eine Kraft F_A und eine gleich große Gegenkraft F_B auf der gleichen Wirkungslinie, so ist der Körper im Gleichgewicht, weil sich F_A und F_B aufheben.

Am starren Körper halten sich zwei entgegengesetzt gerichtete, gleichgroße Kräfte auf einer Wirkungslinie das Gleichgewicht.

Abb. 5.1 Zwei-Kräfte-Gleichgewichtsaxiom

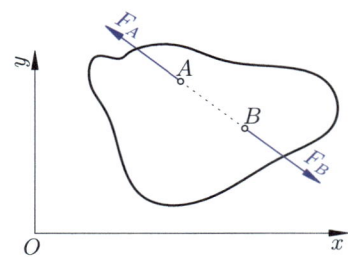

2.3 Axiom über das Hinzufügen bzw. Entfernen einer Zwei-Kräfte-Gleichgewichtsgruppe

Befindet sich ein starrer Körper im Gleichgewichtszustand, dann ändert das Hinzufügen oder Entfernen einer Zwei-Kräfte-Gleichgewichtgruppe diesen Zustand nicht (siehe Abb. 6.1).

Folgerung:
Fügt man, wie in Abb. 6.2 die Zwei-Kräfte-Gleichgewichtsgruppe F_1 irgendwo auf der Wirkungslinie von F hinzu, wobei F genau so groß wie F_1 ist, so bilden auch F und die zu dieser entgegensetzt gerichtete F_1 eine Zwei-Kräfte-Gleichgewichtsgruppe. Entfernt man diese neue Gruppe, so bleibt nur noch eine Kraft F_1 übrig, die aber auf der Wirkungslinie verschoben wurde.

Eine Einzelkraft darf am starren Körper entlang ihrer Wirkungslinie verschoben werden.

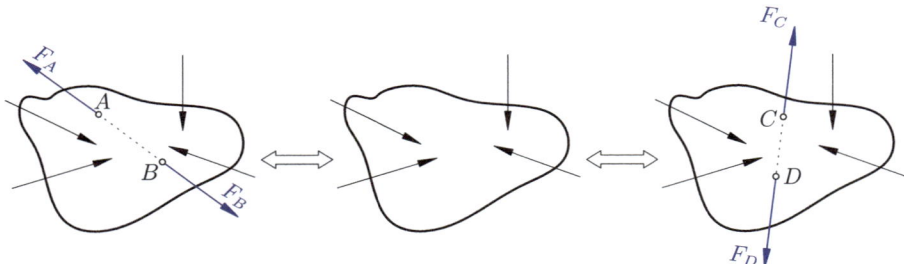

Abb. 6.1 Hinzufügen bzw. Entfernen einer Zwei-Kräfte-Gleichgewichtsgruppe

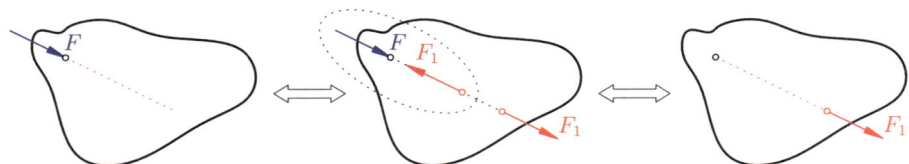

Abb. 6.2 Verschieben einer Kraft auf ihrer Wirkungslinie mit einer Zwei-Kräfte-Gleichgewichtsgruppe wobei gilt: $F = F_1$

2.4 Parallelogrammaxiom

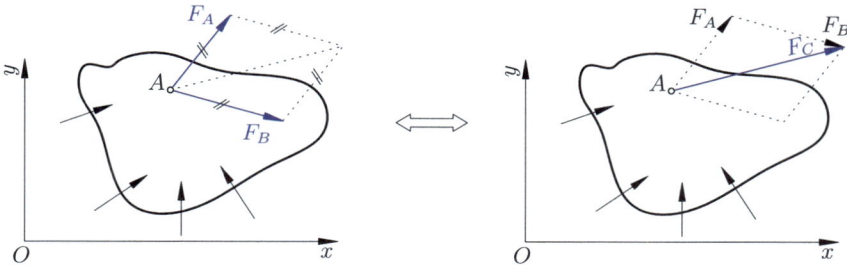

Abb. 7.1 Parallelogrammaxiom: Die Kräfte F_A und F_B werden durch eine Kraft F_C ersetzt

Abb. 7.2 Krafteck von F_A, F_B und der resultierenden Kraft F_C

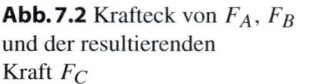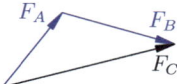

2.4 Parallelogrammaxiom

> Die Wirkung zweier Kräfte F_A und F_B mit dem gemeinsamen Angriffspunkt A ist gleich der Wirkung einer Einzelkraft F_C, die sich als Diagonale des von den zwei Kräften F_A und F_B aufgespannten Parallelogramms ergibt und im Punkt A angreift, vergl. Abb. 7.1.

Wie man in Abb. 7.1 erkennen kann, ist es gar nicht nötig, ein Parallelogramm zu konstruieren. Es genügt, wenn man die Kräfte, wie in Abb. 7.2 aneinanderreiht.

> Die resultierende Kraft ist die Verbindung vom Anfangspunkt der ersten Kraft bis zum Endpunkt der letzten Kraft. Diese Darstellung nennt man Krafteck oder Kräfteplan.

Die Ersatzkraft F_C greift im Schnittpunkt der Kräfte F_A und F_B an. Wenn sich alle, auf den Köper angreifenden Kräfte, in einem Punkt schneiden, spricht man von einem **zentralen Kraftsystem**. Dann geht auch die Ersatzkraft der Einzelkräfte durch diesen Schnittpunkt.

Beispiel 7.1 – *Parallelogrammaxiom* (siehe Abb. 8.1):
Gegeben: $F_1 = 130\,\text{N}$, $F_2 = 150\,\text{N}$, $F_3 = 200\,\text{N}$, $\alpha = 40°$, $\beta = \gamma = 5°$
Bestimme die resultierende Kraft von F_1, F_2 und F_3 sowie den Winkel dieser Kraft zur x–Achse.

Graphische Lösung:
Für den Kräfteplan wählt man einen „Kräftemaßstab", damit eine maßstäbliche Darstellung der Kräfte erstellt werden kann. Der Maßstab sollte möglichst groß gewählt werden, ohne den Blattrand zu überschreiten. Kräftemaßstab (KM): $\frac{200\,N}{60\,mm} = \frac{10\,N}{3\,mm}$. Damit ergeben sich für die drei Kräfte:

$$F_1 \widehat{=} 130\,N\, \frac{3\,mm}{10\,N} = 39\,mm, \quad F_2 \widehat{=} 150\,N\, \frac{3\,mm}{10\,N} = 45\,mm \text{ und } F_3 \widehat{=} 200\,N\, \frac{3\,mm}{10\,N} = 60\,mm.$$

Im Kräfteplan, siehe Abb. 8.2, werden F_1, F_2 und F_3 mit den errechneten Längen, unter Beachtung der Wirkrichtungen (α, β, γ), aneinandergereiht. Die Ersatzkraft von den drei Kräften F_R ist die Verbindung vom Anfangspunkt der ersten Kraft bis zum Endpunkt der dritten Kraft. Die Reihenfolge hat dabei keinen Einfluss auf das Ergebnis.

Der Lageplan zeigt, wo die Kräfte tatsächlich wirken. Dabei müssen die Längen der Kräfte nicht maßstäblich dargestellt werden, wohl aber die Wirkrichtungen (Winkel). D. h. die Kräfte im Lageplan und im Kräfteplan sind zueinander parallel.

Abb. 8.1 Drei Kräfte, die sich in einem Punkt schneiden

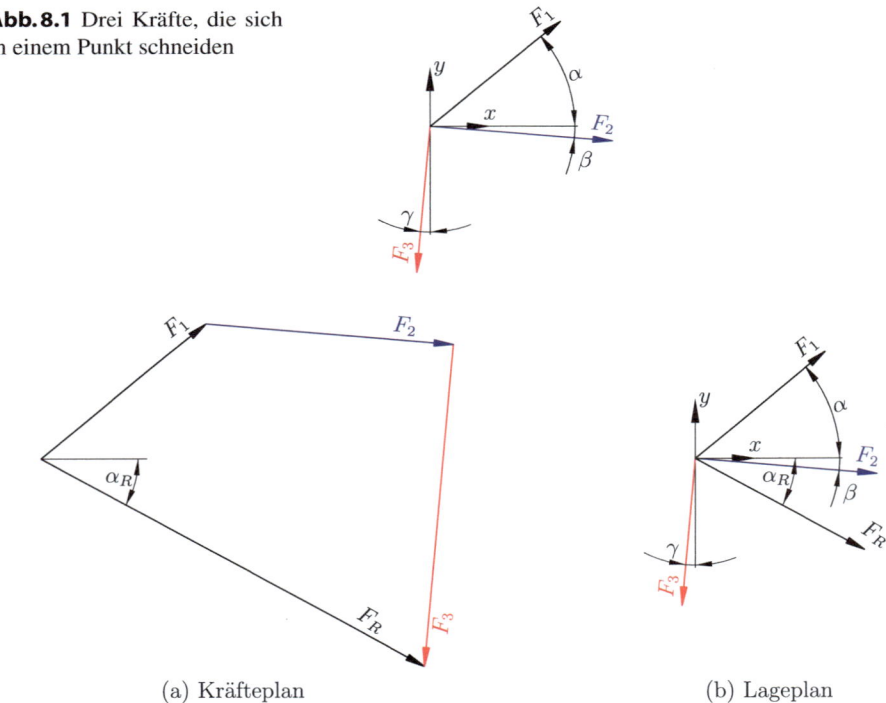

(a) Kräfteplan   (b) Lageplan

Abb. 8.2 Kräfteplan und Lageplan mit der Ersatzkaft F_R für F_1, F_2 und F_3

2.4 Parallelogrammaxiom

Zuletzt werden noch die Größe von F_R und ihr Winkel α_R bestimmt.
$F_R = 79.5 \text{ mm} \frac{10 \text{ N}}{3 \text{ mm}} = 265 \text{ N}, \alpha_R = 29.1°$.

Durch die umgekehrte Anwendung des Parallelogramm-Axioms kann eine Kraft in zwei Komponenten zerlegt werden. Die Wirkungslinien der gesuchten Komponenten sind dabei vorher bekannt.

Beispiel 9.1 – *Zerlegung einer Kraft in zwei Komponenten:*
In Abb. 9.1 ist $F_{12} = 70 \text{ N}, \alpha = 15°, \beta = 60°$ und $\gamma = 30°$
Gesucht: F_1, F_2.

Graphische Lösung, siehe Abb. 9.2:

$$\text{KM} \frac{70 \text{ N}}{70 \text{ mm}} = \frac{1 \text{ N}}{1 \text{ mm}} \qquad F_{12} \widehat{=} 70 \text{ N} \frac{1 \text{ mm}}{1 \text{ N}} = 70 \text{ mm}$$

Durch Parallelverschieben der bekannten Wirkungslinien an die Endpunkte der Kraft F_{12} erhält man die Kräfte F_1 und F_2 ($F_1 = 36 \text{ mm} \frac{1 \text{ N}}{1 \text{ mm}} = 36 \text{ N}, F_2 = 51 \text{ mm} \frac{1 \text{ N}}{1 \text{ mm}} = 51 \text{ N}$).

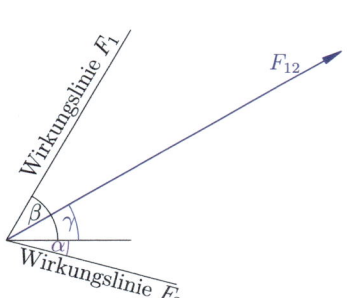

Abb. 9.1 Kraft und zwei bekannte Wirkungslinien

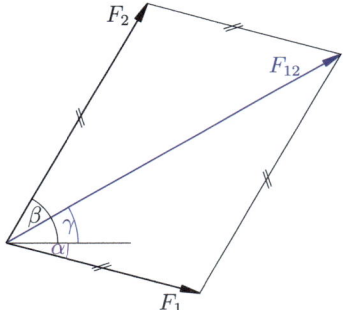

Abb. 9.2 Kraft in zwei Komponenten zerlegt

Abb. 10.1 Wechselwirkung der Kräfte ($actio = reactio$)

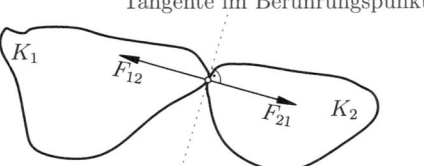

2.5 Axiom über die Wechselwirkung der Kräfte ($actio = reactio$)

Berühren sich zwei Körper in einem Punkt und wirkt der erste Körper auf den zweiten mit der Kraft F_{21}, so wirkt auf den ersten Körper die Kraft $F_{12} = -F_{21}$ an der gleichen Wirkungslinie. D. h. F_{12} und F_{21} bilden eine Zwei-Kräfte-Gleichgewichtsgruppe (siehe Abb. 10.1).

> Im Berührungspunkt von zwei Körpern bewirkt eine Krafteinwirkung von einem Körper auf den anderen stets eine Reaktionskraft, die gleich groß, aber entgegengesetzt gerichtet ist.

Im reibungsfreien Fall steht die Wirkungslinie normal auf die Tangente (Tangential-Ebene) im Berührungspunkt (siehe Abb. 10.1).

2.6 Erstarrungsaxiom

> Ein deformierbarer Körper, der unter Einwirkung von Kräften im Gleichgewichtszustand ist, bleibt auch im Gleichgewicht, wenn er erstarrt.

2.7 Befreiungsaxiom – Freimachen von Bauteilen

> Ein Körper, der geometrischen Bindungen unterworfen ist, kann durch einen von den Bindungen befreiten Körper ersetzt werden, wenn anstelle der Bindungen Reaktionskräfte und Reaktionsmomente angebracht werden.

2.7 Befreiungsaxiom – Freimachen von Bauteilen

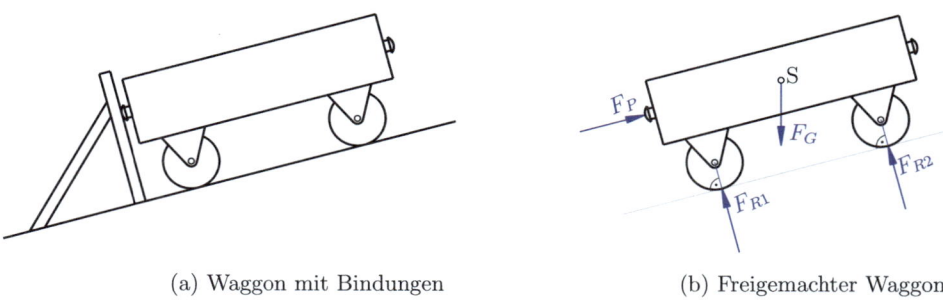

(a) Waggon mit Bindungen   (b) Freigemachter Waggon

Abb. 11.1 (a) Waggon mit Bindungen (b) Freigemachter Waggon

Bindungen:
Wir unterscheiden ideale und nicht-ideale (reibungsbehaftete) Bindungen. Bei idealen Bindungen wirkt die Reaktionskraft entlang der Flächennormalen bzw. Liniennormalen im Kontaktpunkt.
Um einen Bauteil freizumachen, nimmt man alle mit diesem in Berührung stehenden Bauteile oder Verbindungen weg und bringt stattdessen Reaktionskräfte an den Berührungsstellen des Bauteils an, siehe Abb. 11.1.

2.7.1 Flexible Bauteile (Seile, Ketten, Riemen, etc.)

Solche Bauteile können nur Zugkräfte entlang ihrer Richtung (z. B. Seilrichtung) übertragen oder aufnehmen. Der Angriffspunkt ist der Befestigungspunkt am freigemachten Bauteil (siehe Abb. 12.1).

2.7.2 Zweigelenkstäbe

Diese können Zug- oder Druckkräfte aufnehmen. Die Wirkungslinie ist die Verbindungsgerade zwischen den Gelenkpunkten, siehe Abb. 12.2. Zweigelenkstäbe sind an den beiden Gelenkpunkten drehbar gelagert. Außer den Kräften in den Gelenkpunkten, dürfen keine weiteren Kräfte angreifen (sonst handelt es sich um keinen Zweigelenkstab).

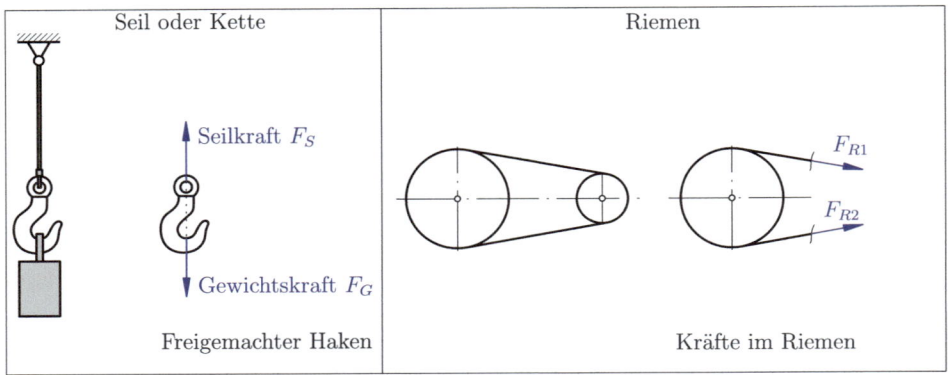

Abb. 12.1 Freimachen eines Kranhakens, Kräfte in einem Riementrieb

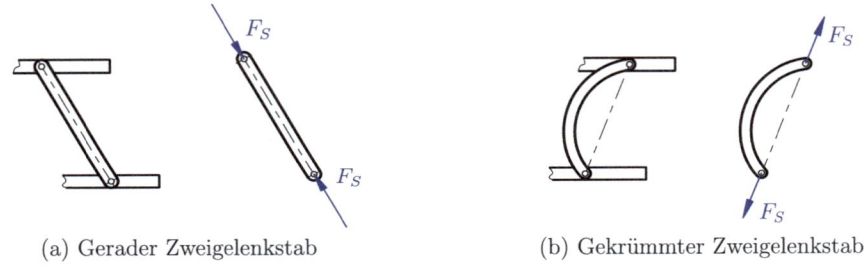

(a) Gerader Zweigelenkstab   (b) Gekrümmter Zweigelenkstab

Abb. 12.2 Zweigelenkstab mit beliebiger Form – eingebaut und freigemacht

2.7.3 Lager, Einspannung

Zur Darstellung von Verbindungsstellen werden Symbole verwendet, vergleiche Abb. 13.1.

- Loslager:
  Die beiden Symbole (mit und ohne Rollen) für ein Loslager sind gleichwertig. Loslager nehmen nur Kräfte senkrecht zur Stützfläche (Normalkräfte) auf.
- Festlager:
  Festlager nehmen Kräfte entlang jeder Richtung auf. Dies kann auch durch zwei Kraftkomponenten, F_v und F_h, angegeben werden.
- Einspannung:
  Einspannungen können beliebige Kräfte und Momente übertragen. Dies kann wieder durch zwei Kraftkomponenten F_v, F_h und ein Moment M angegeben werden.

2.7 Befreiungsaxiom – Freimachen von Bauteilen

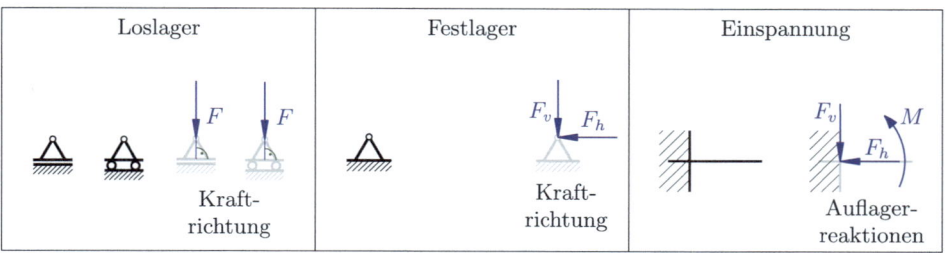

Abb. 13.1 Symbole für Loslager, Festlager und Einspannung

Die Pfeilrichtung der Kräfte und der Momente kann zunächst frei gewählt werden. Bei der Bestimmung von deren Größe zeigt sich dann, aufgrund des Vorzeichens, ob die Wahl richtig war oder, ob sie in die entgegengesetzte Richtung wirken.

Drehmoment, Kräftepaar 3

Wirken zwei gleichgroße, gegensinnige Kräfte auf parallelen Wirkungslinien mit dem Wirkabstand l ($\perp$ zu den Wirkungslinien), so erzeugen Sie ein Drehmoment M. Die beiden Kräfte F bilden ein Kräftepaar. Ist der Körper frei beweglich, so bewirkt das Moment eine Drehbewegung des Körpers (ohne diesen zu verschieben). Die Drehrichtung des Moments wird durch das Vorzeichen angegeben (siehe Abb. 16.1).

$$\boxed{\begin{array}{l} M = F \cdot l \\ [\text{Nm}] = [\text{N}] \cdot [\text{m}] \end{array}} \tag{15.1}$$

> Vorzeichenvereinbarung für das Drehmoment:
> $+$ Linksdrehsinn (gegen den Uhrzeigersinn)
> $-$ Rechtsdrehsinn (im Uhrzeigersinn)

Ein Kräftepaar ist durch Angabe des Drehmomentes M und den zugehörigen Drehsinn vollkommen bestimmt.

In Abb. 16.2 ist ein Kräftepaar, das in den Punkten A bzw. B angreift dargestellt (a). Fügt man eine Zwei-Kräfte-Gleichgewichtsgruppe F_h hinzu, so ergibt sich, wenn man die resultierende Kraft aus F und F_h bildet, ein neues Kräftepaar F_1. Dieses ist gegenüber dem ursprünglichen Kräftepaar verdreht und weist einen geringeren Normalabstand auf, weil das Drehmoment gleich bleibt und die Kraft F_1 vergrößert wurde (b). Fügt man nun, in einem anderen Punkt, wieder die gleiche Zwei-Kräfte-Gleichgewichtsgruppe F_h hinzu, so ergeben die resultierenden Kräfte wieder ein Kräftepaar F, das jetzt in den Punkten C und D angreift. Das Kräftepaar wurde also parallel verschoben (c).

© Der/die Autor(en), exklusiv lizenziert an Springer Fachmedien Wiesbaden GmbH, ein Teil von Springer Nature 2025
R. Strobl, *Mechanik*, https://doi.org/10.1007/978-3-658-47787-5_3

Abb. 16.1 Kräftepaar

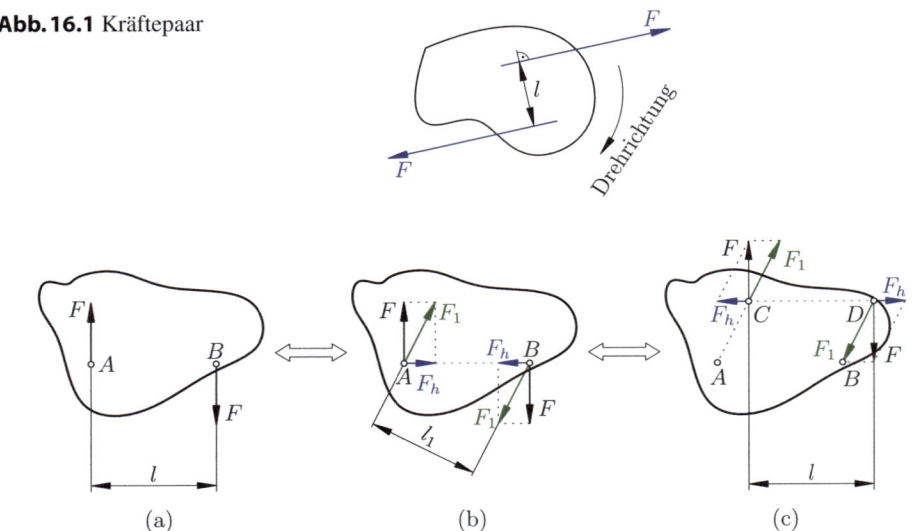

Abb. 16.2 Parallelverschieben eines Kräftepaars

Ein Kräftepaar kann in seiner Wirkungsebene beliebig verschoben werden.

(Dreh-)Moment einer Einzelkraft

Das Moment einer Einzelkraft bezüglich des Punktes O ergibt sich als:

$$\boxed{M = F \cdot l} \tag{16.1}$$

Dabei ist l der Normalabstand der Kraft F vom Punkt O (siehe Abb. 16.3).

Abb. 16.3 Drehmoment einer Einzelkraft

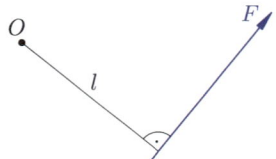

3 Drehmoment, Kräftepaar

Abb. 17.1 Tretkurbel

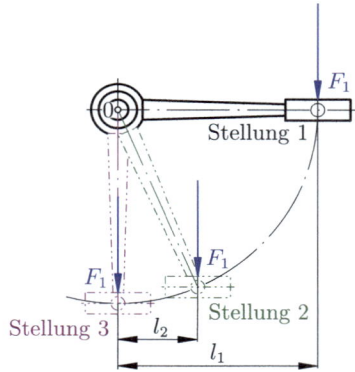

Beispiel 17.1 – *Tretkurbel:*
Bestimme das Moment einer Tretkurbel bezüglich ihres Drehpunktes 0 für die drei eingezeichneten Kurbelstellungen (siehe Abb. 17.1).

$F_1 = 150$ N, $l_1 = 200$ mm, $l_2 = 80$ mm

Lösung:
$M_1 = -F_1\, l_1 = -150$ N $\cdot$ 0.2 m $= -30$ Nm
$M_2 = -F_1\, l_2 = -150$ N $\cdot$ 0.08 m $= -12$ Nm
$M_3 = -F_1\, l_3 = -150$ N $\cdot$ 0 = 0 Nm

Resultierende Kraft, resultierendes Moment 4

Die resultierende Kraft bzw. das resultierende Moment erhält man, durch vektorielle Addition.

$$\boxed{\begin{aligned}\sum \mathbf{F} &= \mathbf{F_{Res}} \\ \sum \mathbf{M} &= \mathbf{M_{Res}}\end{aligned}} \tag{19.1}$$

Für ein Kraftsystem in der $x - y$ Ebene bedeutet das (siehe Abb. 19.1):

$$\boxed{\begin{aligned}\sum_{i=1}^{n} F_{xi} &= F_{xRes} \\ \sum_{i=1}^{n} F_{yi} &= F_{yRes} \\ \sum_{i=1}^{n} M_{zi} &= M_{zRes}\end{aligned}} \tag{19.2}$$

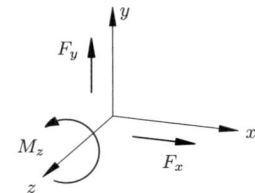

Abb. 19.1 Kräfte und Momente in der $x - y$ Ebene

4.1 Resultierende Kraft von 3 Kräften, die sich nicht in einem Punkt schneiden (allgemeines Kraftsystem)

Um die resultierende Kraft zu finden, geht man schrittweise vor. Man bildet die Resultierende von 2 Kräften im Kräfteplan und im Lageplan. In Beispiel 20.1 bildet man aus F_1 und F_2 die resultierende Kraft F_{12}. Im Lageplan geht diese Kraft durch den Schnittpunkt von F_1 und F_2. Anschließend bildet man mit der Ersatzkraft für die ersten beiden Kräfte (F_{12}) und der dritten Kraft (F_3) wieder eine resultierende Kraft F_{123}. Diese Kraft geht im Lageplan durch den Schnittpunkt von F_{12} und F_3.

Beispiel 20.1 – *Resultierende Kraft von 3 Kräften (allgemeines Kraftsystem):*

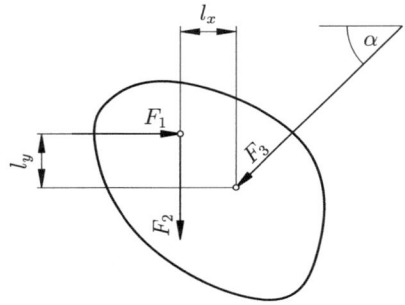

Gegeben: $F_1 = 250$ N, $F_2 = 400$ N,
$F_{3x} = F_{3y} = 300$ N ($\alpha = 45°$),
$l_x = l_y = 10$ mm
KM: $\frac{10\,\text{N}}{\text{mm}}$

Gesucht:
a) Ersatzkraft von F_1, F_2 und F_3
b) Normalabstand der Ersatzkraft vom Schnittpunkt von F_1 und F_2

Lösung (siehe Abb. 21.1):

$F_1 \widehat{=} 250\,\text{N} \cdot \frac{1\,\text{mm}}{10\,\text{N}} = 25$ mm, $F_2 \widehat{=} 400\,\text{N} \cdot \frac{1\,\text{mm}}{10\,\text{N}} = 40$ mm, $F_{3x} = F_{3y} \widehat{=} 300\,\text{N} \cdot \frac{1\,\text{mm}}{10\,\text{N}} = 30$ mm
$F_{123} = 70.2$ mm $\cdot \frac{10\,\text{N}}{\text{mm}} = 702$ N, $l_{123} = 8.5$ mm

4.1 Resultierende Kraft von 3 Kräften, die sich nicht in einem Punkt schneiden

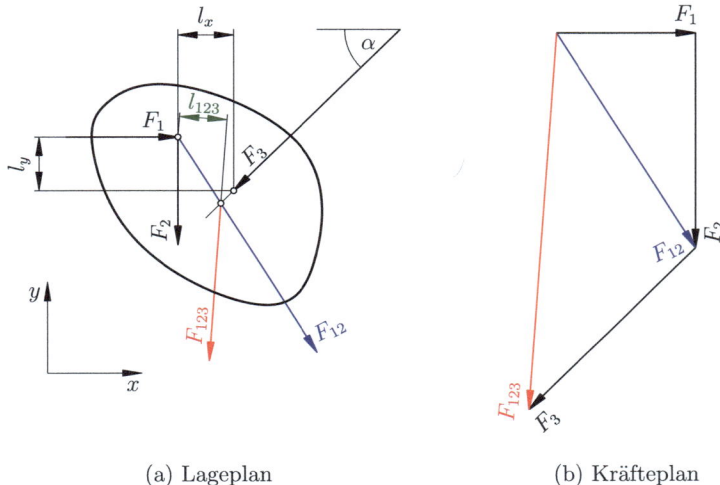

(a) Lageplan (b) Kräfteplan

Abb. 21.1 Resultierende Kraft von 3 Kräften, die sich nicht in einem Punkt schneiden (allgemeines Kraftsystem)

Rechnerische Lösung:
Zur Berechnung werden die Komponenten der schräg wirkenden Kraft F_3 benötigt, die in diesem Beispiel mit F_{3x} und F_{3y} schon gegeben sind. Die Komponenten der resultierenden Kraft F_{Rx} und F_{Ry} werden in einem angenommenen Punkt im Lageplan (siehe Abb. 22.1) eingezeichnet. Auch die Pfeilrichtung von F_{Rx} und F_{Ry} wird frei angenommen. Für die Berechnung nimmt man die angenommenen Kraftrichtungen von F_{Rx} und F_{Ry} als positiv an. Die resultierende Kraft in x-Richtung ergibt:

$$\sum_{i=1}^{3} F_{xi} = F_{Rx} = F_1 - F_{3x} = (250 - 300)\,\text{N} = -50\,\text{N}$$

Das negative Vorzeichen bei F_{Rx} bedeutet, dass die Kraft nicht in die gewählte (siehe Abb. 22.1), sondern in die entgegengesetzte Richtung weist. Für die resultierende Kraft in y-Richtung gilt:

$$\sum_{i=1}^{3} F_{yi} = F_{Ry} = F_2 + F_{3y} = (400 + 300)\,\text{N} = 700\,\text{N}$$

Der Betrag von F_R ist:

$$F_R = \sqrt{F_{Rx}^2 + F_{Ry}^2} = \sqrt{50^2 + 700^2}\,\text{N} \quad \boxed{F_R = 702\,\text{N}}$$

Der Winkel $\alpha_R = \arctan \frac{F_{Ry}}{|F_{Rx}|} = \arctan \frac{700}{50} = 85{,}9°$
Aus der Summe der Momente um den Schnittpunkt von F_1 und F_2 lässt sich der Normalabstand l_R bestimmen:

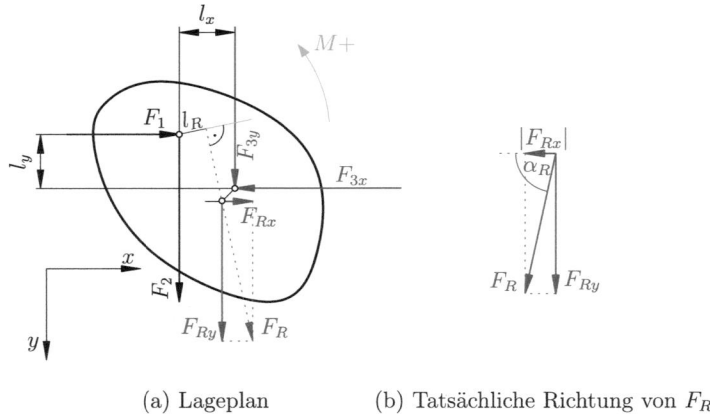

(a) Lageplan (b) Tatsächliche Richtung von F_R

Abb. 22.1 Darstellung im Lageplan mit den Komponenten der resultierenden Kraft F_R und dem Normalabstand l_R der angenommenen Kraft F_R zum Schnittpunkt von F_1 und F_2

$$\sum_{i=1}^{n} M_{zi} = M_{zRes}$$

$$-F_{3x}\, l_y - F_{3y}\, l_x = -F_R\, l_R \Rightarrow l_R = \frac{-F_{3x}\, l_y - F_{3y}\, l_x}{-F_R} = \frac{(-300 \cdot 10 - 300 \cdot 10)\ \text{Nmm}}{-702\ \text{N}}$$

$$\boxed{l_R = 8.5\ \text{mm}}$$

Anmerkung: Wenn der Abstand l_R einen negativen Wert ergeben hätte, so würde die Kraft F_R links vom Schnittpunkt wirken, sodass das Moment $F_R\, l_R$ einen positiven Drehsinn hätte.

Der Abstand l_R wird normal zu tatsächlichen Richtung von F_R gemessen.

4.2 Resultierende Kraft von 2 parallelen Kräften

Will man die resultierende Kraft von 2 parallelen Kräften, vergleiche Abb. 23.1a bestimmen, so fügt man an die beiden Kräfte eine Hilfskraft F_H mit beliebiger Größe hinzu, vergleiche Abb. 23.1b. Die Hilfskraft muss dabei gleich groß sein, auf einer Wirkungslinie liegen und entgegengesetzt gerichtet sein, sodass das System nicht verändert wird. Anschließend bildet man die Ersatzkraft von F_1 und F_H sowie die Ersatzkraft von F_2 und F_H. Diese beiden Kräfte schneiden sich nun in einem Punkt, durch den auch die Ersatzkraft F_R geht. Bei dieser Konstruktion werden die Längen und die Kräfte maßstäblich dargestellt.

Aus den ähnlichen Dreiecken der Kräfte und der Längen, siehe Abb. 23.1b, ergibt sich:

4.2 Resultierende Kraft von 2 parallelen Kräften

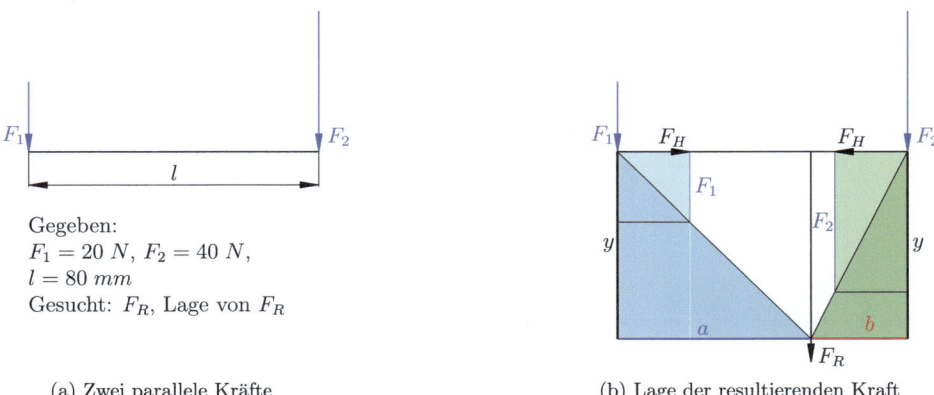

(a) Zwei parallele Kräfte

(b) Lage der resultierenden Kraft

Abb. 23.1 Bestimmung der resultierenden Kraft von 2 parallelen Kräften (Größe und Lage)

Gegeben:
$F_1 = 20\,N$, $F_2 = 40\,N$,
$l = 80\,mm$
Gesucht: F_R, Lage von F_R

$\dfrac{F_H}{F_1} = \dfrac{a}{y} \Rightarrow F_H \cdot y = F_1 \cdot a, \quad \dfrac{F_H}{F_2} = \dfrac{b}{y} \Rightarrow F_H \cdot y = F_2 \cdot b \Rightarrow F_1 \cdot a = F_2 \cdot b$

$a + b = l$
$F_R = F_1 + F_2 = 60\,\text{N}$
$\Rightarrow a = \frac{2}{3}\,l = 53.3\,\text{mm}$
$b = \frac{1}{3}\,l = 26.7\,\text{mm}$

Eine einfachere Konstruktion erhält man (siehe Abb. 23.2a), wenn man die Diagonalen der beiden Kräfte bildet (Verbindung vom Anfangspunkt der einen Kraft zum Endpunkt der anderen Kraft) und den Abstand a vom anderen Ende der Diagonale misst.

Beweis: In Abb. 23.2b ist die Hilfskraft genauso groß wie der Abstand der beiden Kräfte. Die Ersatzkräfte F_{1H} und F_{2H} schneiden sich in einem Punkt, durch den auch die Ersatzkraft von F_1 und F_2 geht. Damit sind die farblich gekennzeichneten Flächen in Abb. 23.2a und b um 180° zueinander verdreht.

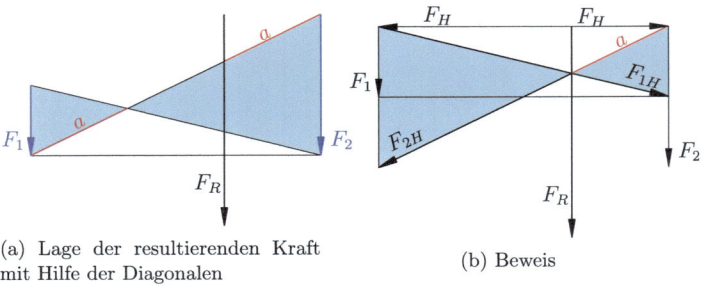

(a) Lage der resultierenden Kraft mit Hilfe der Diagonalen

(b) Beweis

Abb. 23.2 Lage der resultierenden Kraft von zwei parallelen Kräften

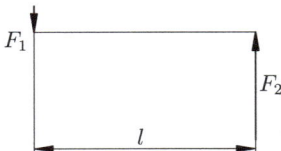

Gegeben:
$F_1 = 10\ N$, $F_2 = 40\ N$,
$l = 80\ mm$
Gesucht: F_R, Lage von F_R

(a) Zwei parallele, entgegengesetzt gerichtete Kräfte

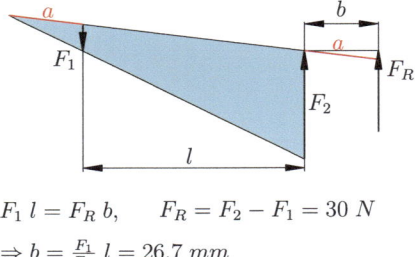

$F_1\ l = F_R\ b, \qquad F_R = F_2 - F_1 = 30\ N$

$\Rightarrow b = \frac{F_1}{F_R}\ l = 26.7\ mm$

(b) Lage der resultierenden Kraft

Abb. 24.1 Bestimmung der resultierenden Kraft von 2 parallelen, entgegengesetzt gerichteten Kräften (Größe und Lage)

Sind die beiden Kräfte parallel und entgegengesetzt gerichtet, so findet man die Größe und die Lage der Ersatzkraft auf gleiche Weise. Die resultierende Kraft liegt jetzt außerhalb der beiden Kräfte und zwar auf der Seite der größeren Kraft, vergleiche Abb. 24.1.

Sind die beiden Kräfte parallel, entgegengesetzt gerichtet und gleich groß, so verlaufen die Wirkungslinien der Ersatzkraft von F_1 und F_H und der Ersatzkraft von F_2 und F_H parallel. In diesem Fall liegt ein Kräftepaar vor, das sich nicht zu einer Einzelkraft reduzieren lässt, sondern ein Drehmoment bildet (siehe Abb. 24.2).

Abb. 24.2 Zwei parallele, entgegengesetzt gerichtete, gleich große Kräfte

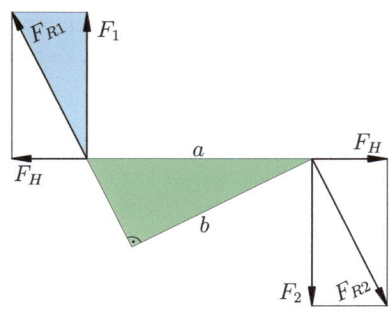

$$\frac{F_1}{F_{R1}} = \frac{b}{a} \Rightarrow F_1 \cdot a = F_{R1} \cdot b = M$$

4.3 Beliebig viele Kräfte am starren Körper – Seileckverfahren

Wirken auf einen starren Körper n-Kräfte, deren Wirkungslinien in einer Ebene liegen, dann führt die Reduktion der n-Kräfte entweder zu einer Einzelkraft oder einem Kräftepaar.

Beliebig viele Kräfte, deren Wirkungslinien in einer Ebene liegen, halten sich am starren Körper das Gleichgewicht, wenn sich das Krafteck und das Seileck schließen.

Beispiel 25.1 – *Seileckverfahren:*
Gegeben:
$F_1 = 15$ N, $F_2 = F_3 = 20$ N, $F_4 = F_5 = 25$ N
$\alpha = 50°$, $\beta = 80°$, $\gamma = 65°$, $\delta = 50°$
$l_1 = 15$ mm, $l_2 = 25$ mm, $l_3 = 35$ mm, $l_4 = 15$ mm
Gesucht: F_R, Lage von F_R

Beim Seileckverfahren, vergleiche Abb. 26.1 wird, wie gewohnt, der Lageplan maßstäblich dargestellt und ein Kräftemaßstab gewählt. Anschließend werden die bekannten Kräfte (F_1 bis F_5) im Kräfteplan aneinandergereiht. Die Größe und die Richtung der resultierende Kraft F_R kann sofort bestimmt werden. Um die Lage von F_R im Lageplan zu finden, wird im Kräfteplan ein Pol P gewählt und alle Anfangs- und Endpunkte der Kräfte werden mit diesem Punkt verbunden. Diese Polstrahlen werden nummeriert und stellen Hilfskräfte dar. Die „Polstrahl-Kräfte" sind als 0 bis 5 bezeichnet. Man kann sich vorstellen, dass die Kraft 0 und die Kraft 1, die Kraft F_1 ersetzen. Dazu muss 0 zum Pol gerichtet und 1 vom Pol weg gerichtet wirken (die Pfeile sind nicht dargestellt). F_2 wird durch 1 und 2 ersetzt, wenn 1 zum Pol und 2 vom Pol weg gerichtet ist. Dadurch fällt 1 weg, weil die Kraft einmal zum Pol gerichtet und einmal vom Pol weg gerichtet ist. Analoge Überlegungen kann man für die verbleibenden Kräfte F_3 bis F_5 anstellen. Dadurch heben sich die Kräfte 1 bis 4 auf, und nur die äußeren „Polstrahl-Kräfte" 0 und 5 bleiben übrig. Diese ersetzen die resultierende Kraft F_R.

Jetzt werden die Polstrahlen in den Lageplan übertragen. Im Lageplan schneiden sich drei Kräfte in einem Punkt, wenn sie im Kräfteplan ein Dreieck bilden. 0, 1 und F_1 bilden im Kräfteplan ein Dreieck und schneiden sich folglich im Lageplan in einem Punkt. Man verschiebt 0 parallel und schneidet diesen Polstrahl an einer beliebigen Stelle mit F_1. Durch diesen Schnittpunkt zeichnet man 1. Das nächste Dreieck im Kräfteplan bilden 1, 2 und F_2. Deshalb muss 2 im Lageplan durch den Schnittpunkt von 1 und F_2 verlaufen. Dieses

Verfahren führt man fort, bis der letzte Polstrahl im Lageplan eingezeichnet ist. Weil 0, 5 und F_R im Kräfteplan ein Dreieck bilden, muss die Kraft F_R im Lageplan durch den gemeinsamen Schnittpunkt von 0 und 5 verlaufen.

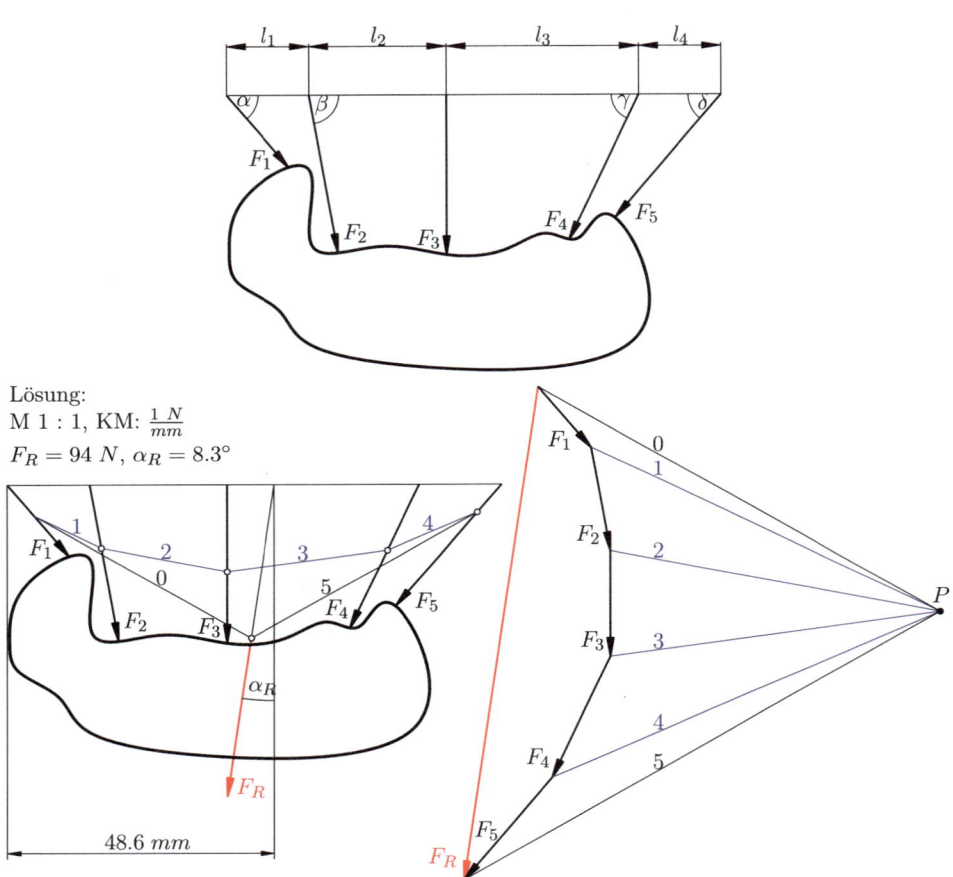

Abb. 26.1 Seileckverfahren: Lageplan und Kräfteplan

Gleichgewicht von Kräften (ebenes Kraftsystem) 5

Damit ein Körper im Gleichgewicht ist, müssen die Summe der auf ihn wirkenden Kräfte und die Summe der auf ihn wirkenden Momente 0 sein. Vergleicht man dies mit Gl. 19.1, so erkennt man, dass dies bedeutet, dass es keine resultierende Kraft und kein resultierendes Moment geben darf.

$$\boxed{\begin{aligned}\sum \mathbf{F} &= 0 \\ \sum \mathbf{M} &= \mathbf{0}\end{aligned}} \qquad (27.1)$$

Für ein Kraftsystem in der $x - y$ Ebene bedeutet das:

$$\boxed{\begin{aligned}\sum_{i=1}^{n} F_{xi} &= 0 \\ \sum_{i=1}^{n} F_{yi} &= 0 \\ \sum_{i=1}^{n} M_{zi} &= 0\end{aligned}} \qquad (27.2)$$

Eine Kraft
Unter Einwirkung einer einzigen Kraft ($F \neq 0$) kann ein Körper nicht im Ruhezustand bleiben. Gleichgewicht ist unmöglich.

Zwei Kräfte
Wirken auf einen starren Körper zwei Kräfte, so können diese durch eine Einzelkraft ersetzt werden oder sie stellen bereits ein nicht weiter reduzierbares Kräftepaar dar.

Das Gleichgewicht halten sich zwei Kräfte nur dann, wenn sie gleich groß sind, auf derselben Wirkungslinie liegen und entgegengesetzt gerichtet sind (Zwei-Kräfte-Gleichgewichtsgruppe).

Drei Kräfte
Drei Kräfte können entweder eine Einzelkraft oder ein Kräftepaar ergeben. Im Gleichgewicht sind sie nur dann, wenn die Teilresultierende aus zwei Kräften mit der dritten Kraft eine Zwei-Kräfte-Gleichgewichtsgruppe bildet.

Im Gleichgewicht sind 3 Kräfte, wenn sich die Wirkungslinien in einem Punkt schneiden und die Kraftsumme Null ergibt. Deshalb ergibt sich im Kräfteplan ein Umlaufsinn.

Beispiel 28.1 – *Seilrolle* (siehe Abb. 28.1):
Die beiden Seilkräfte F_S und die Lagerkraft F_A müssen sich im Lageplan in einem Punkt schneiden. Damit ist die Richtung der Kraft F_A bekannt. Die Größe dieser Kraft findet man im Kräfteplan.

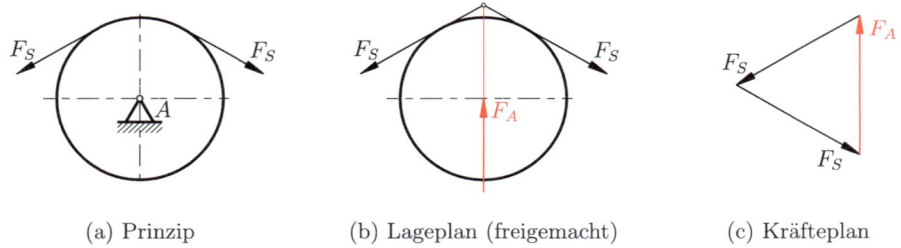

(a) Prinzip   (b) Lageplan (freigemacht)   (c) Kräfteplan

Abb. 28.1 Gleichgewicht von 3 Kräften am Beispiel Seilrolle

Vier Kräfte

Vier Kräfte am starren Körper ergeben entweder eine Einzelkraft oder ein Kräftepaar. Im Gleichgewicht befinden sich vier Kräfte nur dann, wenn je zwei Kräfte zusammengefasst eine Zwei-Kräfte-Gleichgewichtsgruppe bilden.

Graphische Lösung – Culmann'sche Methode

Beispiel 29.1 – *Scheibe auf drei Pendelstützen* (siehe Abb. 29.1):
Gegeben sind die Wirkungslinien (WL) von vier Kräften. Von einer der vier Kräfte ist auch die Größe bekannt ($F_G = 381$ N). Gesucht sind die drei restlichen Kräfte, damit Gleichgewicht herrscht.

Die Pendelstützen sind Zweigelenkstäbe, d. h. die Wirkungslinien der Stabkräfte greifen in den Punkten A, B, C an und verlaufen durch den anderen Gelenkspunkt des jeweiligen Stabs (A_0, B_0 bzw. C_0). Schneidet man je zwei Wirkungslinien (in Abb. 30.1 die Wirkungslinie von F_A und F_B sowie die Wirkungslinie von F_G und F_C), so kann man die Culmann'sche Gerade als Verbindungslinie der beiden Schnittpunkte einzeichnen (C).

> Im Kräfteplan bilden drei Wirkungslinien, die sich im Lageplan in einem Punkt schneiden, jeweils ein Dreieck.

Beginnt man mit der bekannten Kraft F_G, so lässt sich das erste Dreieck (I) aus F_G, C und F_C bilden. Anschließend wird das Dreieck (II) aus C, F_A und F_B konstruiert.

Abb. 29.1 Scheibe auf drei Pendelstützen

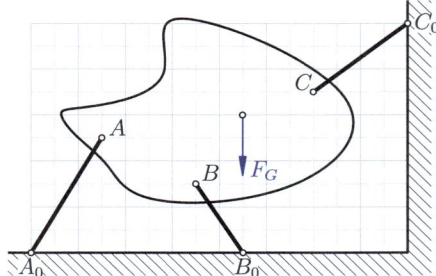

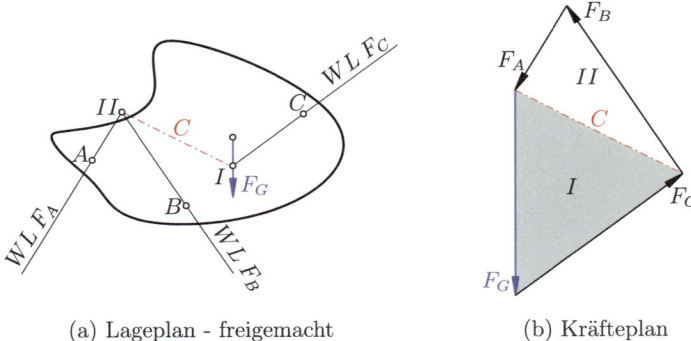

(a) Lageplan - freigemacht   (b) Kräfteplan

Abb. 30.1 Scheibe auf drei Pendelstützen

Im Gleichgewichtszustand ist der Kräfteplan geschlossen und hat einen Umlaufsinn.

Damit ergibt sich die Richtung der Kräfte F_A, F_B und F_C. Die beiden „Culmann'schen Scheinkräfte" heben sich auf. Die gesuchten Kräfte sind: $F_A = 183$ N, $F_B = 375$ N, $F_C = 377$ N.
Ein kritischer Fall tritt ein, wenn sich die Wirkungslinien der drei Stäbe in einem Punkt schneiden. Dieser Fall muss unbedingt vermieden werden, da sonst selbst bei einer kleinen Kraft F_G die Stabkräfte ∞ werden.

5.1 Schlusslinienverfahren

Das Schlusslinienverfahren ist eine Erweiterung des Seileckverfahrens, um die Auflagerkräfte graphisch zu bestimmen.

Beispiel 30.1 – *Schlusslinienverfahren* (siehe Abb. 30.2):
Gegeben: $F_1 = 600$ N, $F_2 = 400$ N, $l = 40$ mm   Gesucht: F_A, F_B
Lösung: M = 1:1, KM = $\frac{10\,\text{N}}{\text{mm}}$

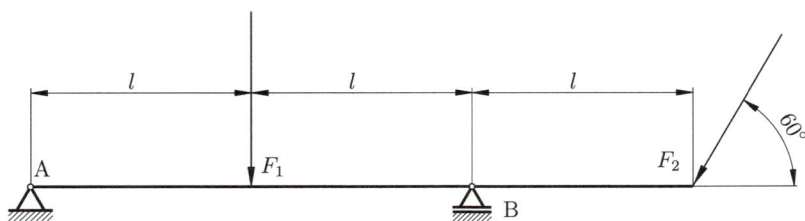

Abb. 30.2 Träger mit 2 Einzelkräften

5.1 Schlusslinienverfahren

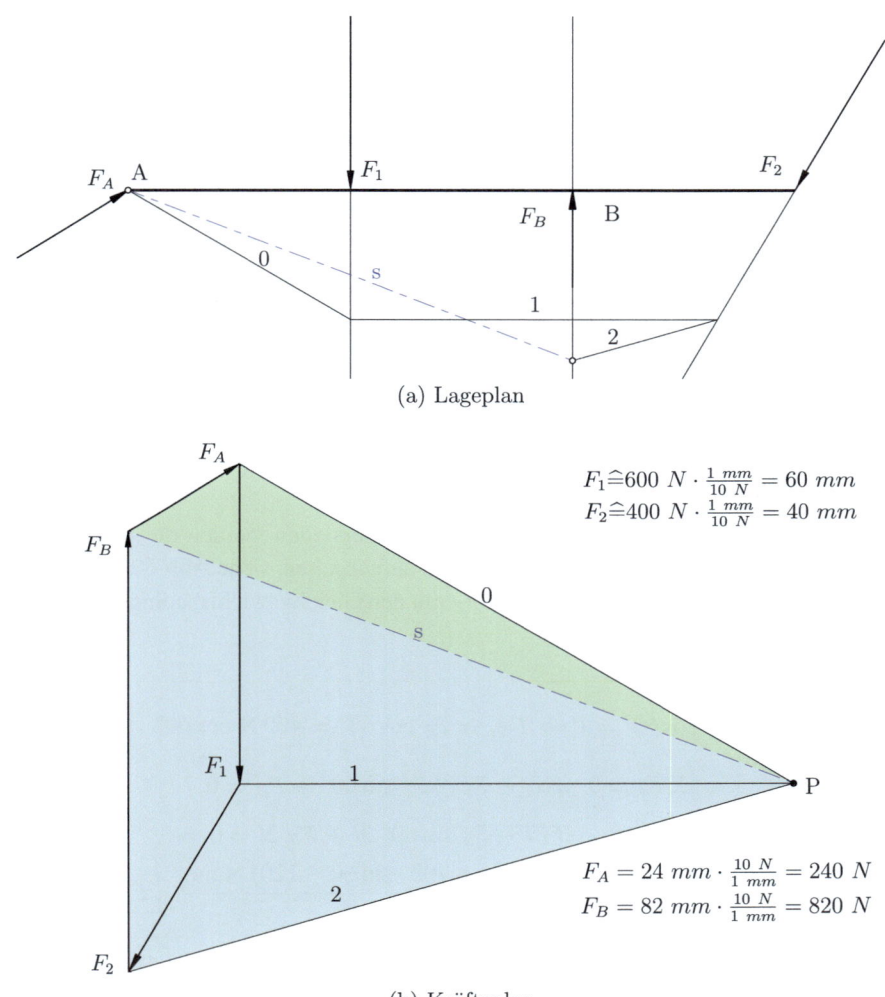

Abb. 31.1 Schlusslinienverfahren an einem Träger

Zunächst wird der Lageplan des freigemachten Trägers mit den bekannten Kräften und der bekannten Wirkungslinie von F_B erstellt, siehe Abb. 31.1. Anschließend werden im Kräfteplan die bekannten Kräfte F_1 und F_2 aneinandergereiht. Die Seilstrahlen 0, 1 und 2 werden mit dem gewählten Pol P eingetragen.

Da die Wirkungslinie von F_A nicht bekannt ist, diese aber durch den Punkt A verlaufen muss, wird der Seilstrahl 0 im Lageplan genau durch den Punkt A gelegt. Die weitere Vorgehensweise ist wie beim Seileckverfahren. Die restlichen Polstrahlen werden in den Lageplan übertragen. Dann wird die Schlusslinie eingezeichnet. Diese ist wiederum eine Hilfskraft, die den Schnittpunkt des letzten Seilstrahls 2 mit der Wirkungslinie der Auflagerkraft F_B und den Punkt A (Schnittpunkt des Seilstrahles 0 und der Wirkungslinie von F_A) verbindet. Der letzte Seilstrahl 2, die Schlusslinie s und F_B bilden im Lageplan einen Schnittpunkt und müssen daher im Kräfteplan ein Dreieck ergeben. Dieses findet man, indem man die Schlusslinie s vom Lageplan durch den Pol P in den Kräfteplan parallel verschiebt. Die Kraft F_B wird an das Ende von 2 parallel verschoben, wodurch ein Kräftedreieck entsteht. Dadurch ist die Größe von F_B und die Länge der Schlusslinie im Kräfteplan bestimmt. Der zweite Schnittpunkt der Schlusslinie (A im Lageplan) wird von 0, s und F_A gebildet. Deshalb ergibt das Dreieck s, 0 und F_A im Kräfteplan die gesuchte Auflagerkraft F_A. Die Schlusslinie und 0 ersetzten dabei F_A. Die Schlusslinie und 2 ersetzen F_B, wobei sich die Kraftrichtung der Hilfskraft s umkehrt und sich deshalb aufhebt. Die Hilfskraft s hat also keinen Einfluss auf das Gesamtsystem (Axiom über das Hinzufügen bzw. Entfernen einer Zwei-Kräfte-Gleichgewichtsgruppe).

Rechnerische Lösung:
Zuerst wird der Träger freigemacht und an den Lagerstellen werden die Reaktionskräfte eingetragen. Die Kraft F_2 wird in Komponenten aufgespalten, siehe Abb. 32.1. Nun können die drei unbekannten Kräfte F_{Ax}, F_{Ay} und F_B mit den Gleichgewichtsbedingungen ermittelt werden.

$$\Sigma F_x = 0 : F_{Ax} - F_2 \cos 60° = 0 \Rightarrow F_{Ax} = F_2 \cos 60° = 400\,\text{N} \cos 60° \quad \boxed{F_{Ax} = 200\,\text{N}}$$

$$\Sigma F_y = 0 : F_{Ay} - F_1 - F_2 \sin 60° + F_B = 0$$

$$\Sigma M_A = 0 : -F_1 l - F_2 \sin 60° \cdot 3l + F_B \cdot 2l = 0 \Rightarrow$$

$$F_B = \frac{F_1 l + F_2 \sin 60° \cdot 3l}{2l} = \frac{(600 \cdot 40 + 400 \cdot \sin 60° \cdot 120)\,\text{Nmm}}{80\,\text{mm}} \quad \boxed{F_B = 819.6\,\text{N}}$$

$$F_{Ay} = F_1 + F_2 \sin 60° - F_B = (600 + 400 \sin 60° - 819.6)\,\text{N} \quad \boxed{F_{Ay} = 126.8\,\text{N}}$$

$$F_A = \sqrt{F_{Ax}^2 + F_{Ay}^2} = \sqrt{200^2 + 126.8^2}\,\text{N} \quad \boxed{F_A = 236.8\,\text{N}}$$

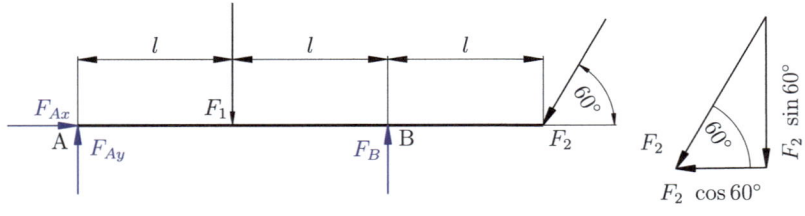

(a) Freigemachter Träger   (b) Kraft-Komponenten von F_2

Abb. 32.1 Träger mit Kräften

Freiheitsgrad eines Körpers 6

Ein frei beweglicher Körper kann seine Lage ändern, indem er sich verschiebt (Translation) oder verdreht (Rotation). Die Anzahl der Bewegungsmöglichkeiten bezeichnet man als Freiheitsgrad. Ein im Raum frei beweglicher Körper besitzt den Freiheitsgrad 6. Er kann in drei Richtungen verschoben und um drei Achsen verdreht werden. Ein Körper der sich nur in der Ebene bewegen kann, besitzt (maximal) den Freiheitsgrad 3 (zwei Translationen und eine Rotation) (siehe Abb. 33.1).

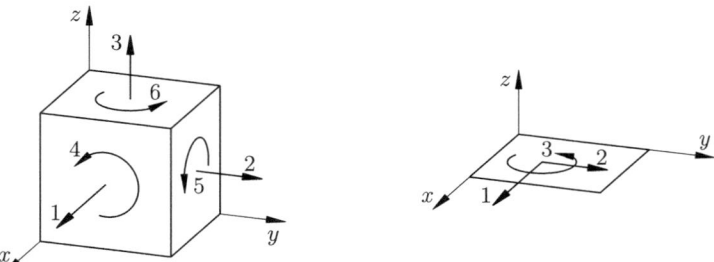

Abb. 33.1 Freiheitsgrad im Raum und in der $x - y$ Ebene

7 Schwerpunkt von Linien und Flächen

Ist eine Fläche oder eine Linie symmetrisch, so liegt der Schwerpunkt auf der Symmetrieachse.

7.1 Schwerpunkt von Linien

Lässt sich eine Linie in Teillinien mit bekanntem Teillinien-Schwerpunkt, siehe Abb. 36.1 zerlegen, so kann der Schwerpunkt der gesamten Linie folgendermaßen bestimmt werden: Die Teil-Linien haben ein Gewicht, das man sich durch eine Linienlast F' $\left[\frac{N}{m}\right]$ vorstellen kann. Die Teil-Kraft ($F_i = F' \, l_i$) greift im Schwerpunkt der Teil-Linie ($\perp$ zur Bildebene) an. Um den Schwerpunkt des Linienzuges zu ermitteln, bestimmt man aus den Einzellasten ein resultierendes Moment.

$$\Sigma M_x : \; F_1 \, y_{S1} + F_2 \, y_{S2} = F_{res} \, y_s$$

$$F' \, l_1 \, y_{S1} + F' \, l_2 \, y_{S2} = F'(l_1 + l_2) \, y_s$$

$$y_s = \frac{l_1 \, y_{S1} + l_2 \, y_{S2}}{l_1 + l_2}$$

Mit analogen Überlegungen kann man auch den Abstand x_S bestimmen.

$$\boxed{x_s = \frac{\sum_{i=1}^{n} x_{Si} l_i}{\sum_{i=1}^{n} l_i}} \quad \boxed{y_s = \frac{\sum_{i=1}^{n} y_{Si} l_i}{\sum_{i=1}^{n} l_i}} \tag{35.1}$$

Abb. 36.1 Bestimmung des Linienschwerpunktes

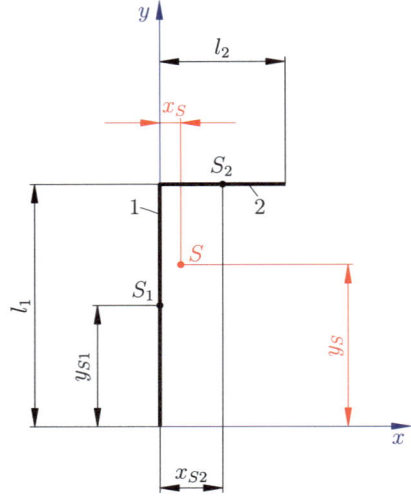

Beispiel 36.1 – *Linienschwerpunkt:*

Gegeben:
Die Abmessungen in Abb. 36.1 sind: $l_1 = 40$ mm und $l_2 = 20$ mm
Gesucht:
Schwerpunkt des Linienzugs (x_S, y_S)
Die Längen und die Schwerpunktsabstände der einzelnen Linien sind in Tab. 36.1 angegeben.

Tab. 36.1 Linienschwerpunkt

i	l_i [mm]	x_{Si} [mm]	y_{Si} [mm]	$l_i\, x_{Si}$ [mm^2]	$l_i\, y_{Si}$ [mm^2]
1	40	0	20	0	800
2	20	10	40	200	800
Σ	60			200	1600

$$y_s = \frac{\Sigma l_i\, y_{Si}}{\Sigma l_i} = \frac{1600 \text{ mm}^2}{60 \text{ mm}} = 26.67 \text{ mm}$$

$$x_s = \frac{\Sigma l_i\, x_{Si}}{\Sigma l_i} = \frac{200 \text{ mm}^2}{60 \text{ mm}} = 3.33 \text{ mm}$$

Linienschwerpunkt eines Kreisbogens
Siehe Abb. 37.1.

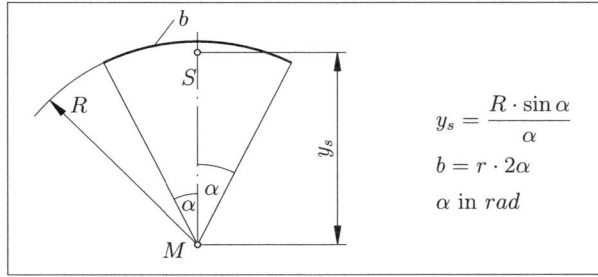

Abb. 37.1 Linienschwerpunkt eines Kreisbogens

$$y_s = \frac{R \cdot \sin\alpha}{\alpha}$$
$$b = r \cdot 2\alpha$$
α in rad

7.2 Schwerpunkt von Flächen

Der Flächenschwerpunkt lässt sich analog zum Linienschwerpunkt aus den Teilflächen mit bekanntem Schwerpunkt ermitteln. In Abb. 37.2 sind die Schwerpunkte von wichtigen Flächen angegeben.

$$x_s = \frac{\sum_{i=1}^{n} x_{Si} A_i}{\sum_{i=1}^{n} A_i} \qquad y_s = \frac{\sum_{i=1}^{n} y_{Si} A_i}{\sum_{i=1}^{n} A_i} \tag{37.1}$$

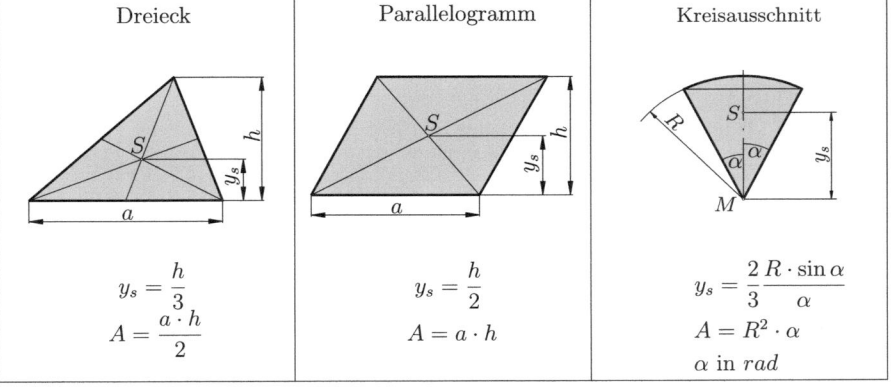

Dreieck
$$y_s = \frac{h}{3}$$
$$A = \frac{a \cdot h}{2}$$

Parallelogramm
$$y_s = \frac{h}{2}$$
$$A = a \cdot h$$

Kreisausschnitt
$$y_s = \frac{2\,R \cdot \sin\alpha}{3\,\alpha}$$
$$A = R^2 \cdot \alpha$$
α in rad

Abb. 37.2 Flächenschwerpunkte von Dreieck, Parallelogramm und Kreisausschnitt

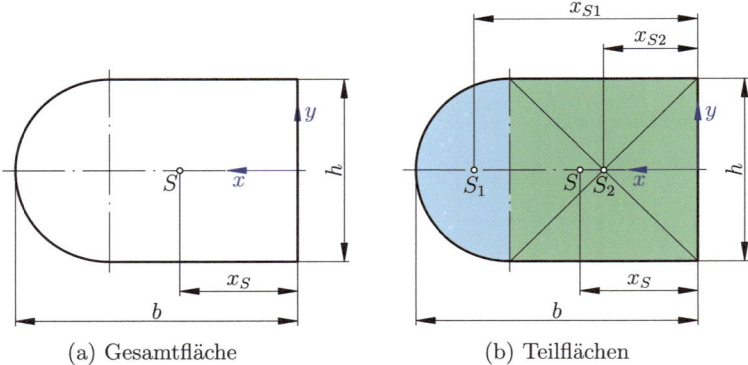

(a) Gesamtfläche   (b) Teilflächen

Abb. 38.1 Flächenschwerpunkt

Beispiel 38.1 – *Flächenschwerpunkt:*
Gegeben:
Die Abmessungen in Abb. 38.1a sind: $b = 50$ mm und $h = 30$ mm
Gesucht:
Schwerpunkt der Gesamtfläche (x_S)

Lösung:
Da die Fläche symmetrisch zur x−Achse ist, liegt auch der Schwerpunkt auf der x−Achse. Zur Bestimmung des Abstandes x_S muss die gesamte Fläche in zwei Teilflächen zerlegt werden, siehe Abb. 38.1 b. In Tab. 39.1 sind die Teilflächen und deren Schwerpunktabstände angegeben.

Halbkreis:
$$A_1 = \frac{\left(\frac{h}{2}\right)^2 \pi}{2} = \frac{\left(\frac{30}{2}\right)^2 \pi}{2} \quad A_1 = 353.4 \text{ mm}^2$$
$$x_{S1} = b - \frac{h}{2} + \frac{2}{3}\frac{\frac{h}{2} \sin 90°}{\frac{\pi}{2}} =$$
$$50 - \frac{30}{2} + \frac{2}{3}\frac{\frac{30}{2} \sin 90°}{\frac{\pi}{2}} \quad x_{S1} = 41.4 \text{ mm}$$

Rechteck:
$$A_2 = \left(b - \frac{h}{2}\right) h = \left(50 - \frac{30}{2}\right) 30 \quad A_2 = 1050 \text{ mm}^2$$
$$x_{S2} = \frac{b - \frac{h}{2}}{2} = \frac{50 - \frac{30}{2}}{2} \quad x_{S2} = 17.5 \text{ mm}$$

Tab. 39.1 Flächenschwerpunkt

i	A_i [mm²]	x_{Si} [mm]	$A_i x_{Si}$ [mm³]
1	353.4	41.4	14620
2	1050.0	17.5	18375
Σ	1403.4		32995

$$x_s = \frac{\sum_{i=1}^{2} x_{Si} A_i}{\sum_{i=1}^{2} A_i} = \frac{32995 \text{ mm}^3}{1403.4 \text{ mm}} \quad \boxed{x_s = 23.5 \text{ mm}}$$

7.3 Guldin'sche[1] Oberflächenregel

Die Mantelfläche eines Rotationskörpers ist das Produkt aus der Länge der Profillinie und ihrem Schwerpunktweg.

$$\boxed{A = l \cdot x_s \cdot \alpha} \tag{39.1}$$

A ... Mantelfläche [m²] $\qquad l$ ... Länge der Erzeugungslinie [m]
x_s ... Abstand des Schwerpunkts zur Rotationsachse [m] $\qquad \alpha$ ... Rotationswinkel [rad]

7.4 Guldin'sche Volumenregel

Das Volumen eines Rotationskörpers ist das Produkt aus der Profilfläche und ihrem Schwerpunktweg.

$$\boxed{V = A \cdot x_s \cdot \alpha} \tag{39.2}$$

V ... Volumen [m³] $\qquad A$ ... Profilfläche [m²]
x_s ... Abstand des Schwerpunkts zur Rotationsachse [m] $\qquad \alpha$ ... Rotationswinkel [rad]

---

[1] Paul GULDIN 1577–1643.

Gleichgewicht – Standsicherheit 8

Wird ein Körper durch eine kleine Auslenkung aus seiner Ausgangslage bewegt und dann wieder sich selbst überlassen, so können folgende Gleichgewichtslagen unterschieden werden, vergleiche Abb. 41.1:

Stabiles Gleichgewicht
Der Schwerpunkt wurde durch die Lageänderung angehoben und bewegt sich von selbst in die Ausgangslage zurück. Es entsteht ein rückstellendes Moment.

Labiles Gleichgewicht
Der Schwerpunkt wurde durch die Lageänderung abgesenkt und entfernt sich weiter von der Ausgangslage. Es entsteht ein ablenkendes Moment.

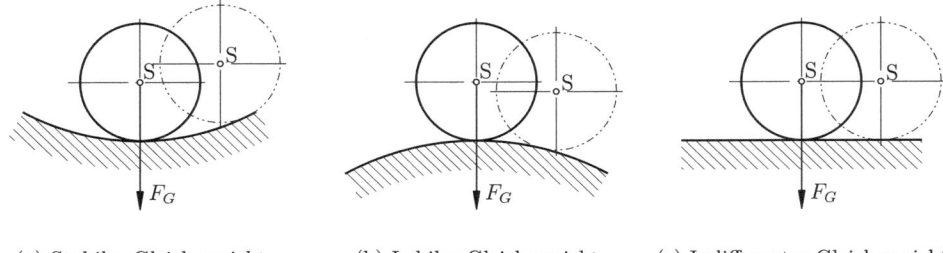

(a) Stabiles Gleichgewicht   (b) Labiles Gleichgewicht   (c) Indifferentes Gleichgewicht

Abb. 41.1 Gleichgewichtslagen

Indifferentes Gleichgewicht
Der Schwerpunkt wurde durch die Lageänderung weder angehoben noch abgesenkt und bleibt in der ausgelenkten Lage. Es entsteht kein Moment.

Bei der Standsicherheit, vergleiche Abb. 42.1, wird die Kippneigung eines Körpers unter Einwirkung von Kräften und Momenten betrachtet. Mit den auf den Körper wirkenden Kräften werden die Momente bezüglich der Kippkante gebildet. Dabei bewirkt das Moment $M_K = F \cdot a$ ein Kippmoment und $M_R = F_G \cdot b$ ein rückstellendes Moment. Die Standsicherheit wird definiert als:

$$S = \frac{M_R}{M_K} \quad (42.1)$$

Ist die Standsicherheit $S > 1$ so bleibt der Körper stabil. Ist $S < 1$ so kippt der Körper. $S = 1$ bildet den Grenzfall.
Die resultierende Kraft aus F_G und F geht durch den Schnittpunkt der beiden Kräfte. Im Grenzfall geht diese Kraft auch durch die Kippkante. Das Kippmoment und das rückstellende Moment sind dann gleich groß.

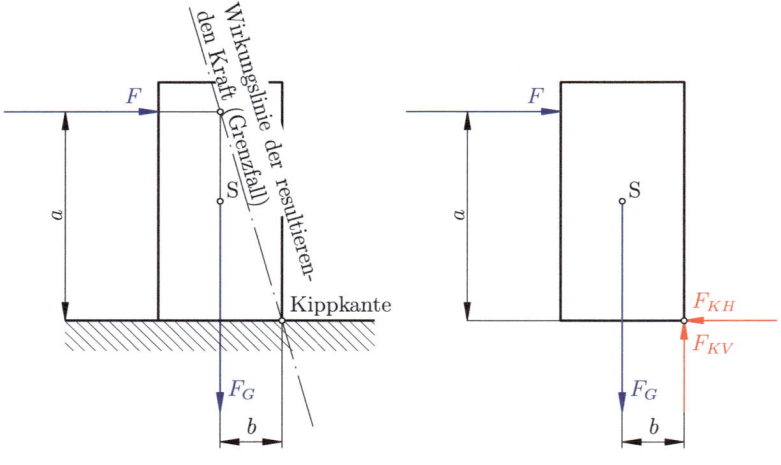

(a) Körper mit Kräften   (b) Freigemachter Körper beim Kippen

Abb. 42.1 Standsicherheit

Reibung 9

Berühren sich zwei starre Körper mit vollkommen glatten Oberflächen in einem bestimmten Punkt, so wirken die Aktions- und die Reaktionskraft im Berührungspunkt senkrecht zur gemeinsamen Tangentialebene der beiden Oberflächen. Reale Körper sind weder starr, noch besitzen sie vollkommen glatte Oberflächen. Die Berührung findet in mehreren Punkten bzw. Flächen statt. Die Verteilung der Kräfte in diesen Berührungspunkten bzw. Flächen ist nicht bekannt. Vereinfachend kann aber angenommen werden, dass sich die beiden Körper nur in einem Punkt berühren und die Reaktionskraft in diesem Punkt angreift. Die Reaktionskraft kann in zwei Komponenten zerlegt werden. Die Normalkraft F_N und die Reibungskraft F_R. Die Reibungskraft steht senkrecht zur Normalkraft (wirkt in der Tangentialebene) und kommt durch die reale Oberfläche zustande, die eine Art Verzahnung darstellt. Die Reibungskraft F_R wirkt entgegengesetzt zur Bewegungsrichtung bzw. zur erwarteten Bewegungsrichtung (siehe Abb. 44.1).

Die Normalkraft F_N und die Reibungskraft F_R können nicht beliebig groß werden. Die Grenz-Normalkraft wird erreicht, wenn sich der Werkstoff plastisch verformt, bricht oder knickt. Die Grenz-Reibungskraft F_{R0} = Haftreibungskraft wird ohne sichtbare Zerstörung erreicht. Sie hängt hauptsächlich von der Rauigkeit und der Festigkeit der Oberflächen sowie von der Normalkraft F_N ab. Bei Bewegungen hängt die Reibungskraft F_R noch zusätzlich von der Geschwindigkeit ab.

Experimentelle Bestimmung der Haftreibungskraft
Ein Block ruht auf einer rauen Unterlage (vergleiche Abb. 44.2). An dem Block greift eine Kraft F_T (parallel zur Unterlage) an. Misst man die Kraft, bei der sich der Körper zu bewegen beginnt, so erhält man die Haftreibungskraft F_{R0}. Verdoppelt man das Gewicht des Körpers, so verdoppelt sich auch die Haftreibungskraft F_{R0}. Die Reibungskraft steigt also proportional mit der Normalkraft F_N.

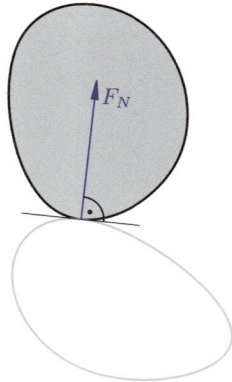 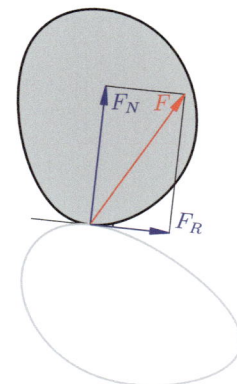

(a) Reaktionskraft auf einen starren Körper bei der Berührung mit einem zweiten starren Körper bei glatten Oberflächen (reibungsfrei)

(b) Vereinfachte Betrachtung der Reaktionskraft bei der Berührung von zwei realen Körpern (reibungsbehaftet)

Abb. 44.1 Reaktionskraft bei der Berührung von zwei Körpern

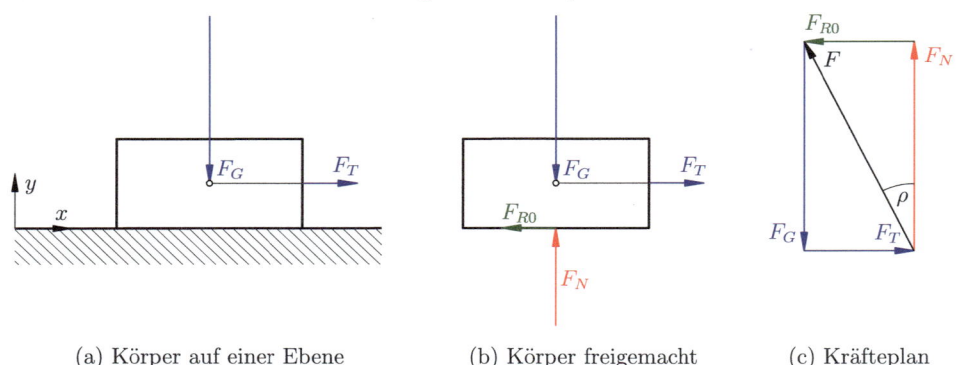

(a) Körper auf einer Ebene (b) Körper freigemacht (c) Kräfteplan

Abb. 44.2 Block auf einer ebenen Unterlage

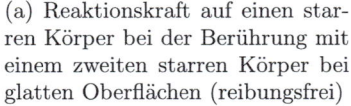

$$\boxed{\text{Coulomb'sches Gesetz:} \quad F_{R0} = \mu_0 \cdot F_N} \qquad (44.1)$$

μ_0 ... Coulomb'scher Haftreibungskoeffizient[1]

Solange der Körper nicht rutscht, gilt $F_R = F_T$. Die Reibungskraft F_R kann höchstens den Wert F_{R0} annehmen.

$$\boxed{F_R \leq \mu_0 \cdot F_N} \qquad (44.2)$$

---

[1] Charles Augustin de COULOMB 1736–1806

9 Reibung

Tab. 45.1 Reibungskoeffizienten bei trockener Reibung

Werkstoffpaarung	Haftreibungskoeffizient μ_0	Gleitreibungskoeffizient μ_G
Stahl auf Stahl	0.15 …0.3	0.09 …0.2
Gummi auf Beton	0.8 …1.0	0.7 …0.9
Gummi auf Eis	ca. 0.2	ca. 0.15
Stahl auf Eis	ca. 0.03	ca. 0.014

Der Winkel zwischen F_N und der Ersatzkraft F wird als Reibwinkel ρ bezeichnet. Der Coulomb'sche Haftreibungskoeffizient μ_0 hängt nur wenig von der Größe der berührenden Flächen ab. In Tab. 45.1 sind die Reibungskoeffizienten von einigen Werkstoffpaarungen angegeben.

Rutsch-Versuch auf der schiefen Ebene

Der Neigungswinkel α wird so eingestellt, dass der Körper gerade noch nicht zu rutschen beginnt. Die Gleichgewichtsbedingungen für den freigemachten Körper in Abb. 45.1 sind:

$$\sum F_x = 0 : F_R - F_G \sin\alpha = 0 \tag{45.1}$$

$$\sum F_y = 0 : F_N - F_G \cos\alpha = 0 \Rightarrow F_N = F_G \cos\alpha \tag{45.2}$$

Für den Grenzfall, dass der Körper gerade noch nicht rutscht, gilt: $F_R = \mu_0 F_N$. Setzt man dies in Gl. 45.1 ein so folgt:

$$\mu_0 F_N - F_G \sin\alpha = 0$$

Einsetzen von Gl. 45.2 ergibt:

$$\mu_0 F_G \cos\alpha - F_G \sin\alpha = 0 \Rightarrow \mu_0 \cos\alpha = \sin\alpha \Rightarrow \mu_0 = \tan\alpha$$

$$\boxed{\alpha = \rho_0 = \arctan\mu_0} \tag{45.3}$$

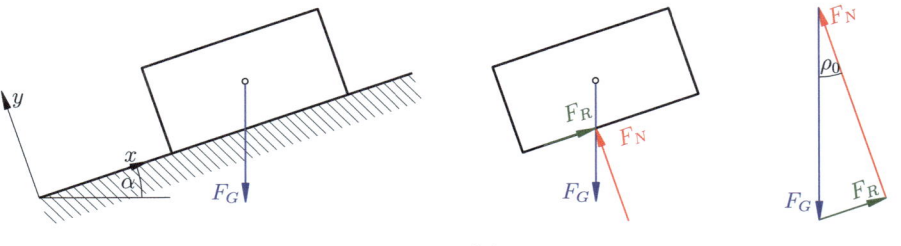

(a) Körper auf einer schiefen Ebene (b) Freigemachter Körper (c) Kräfteplan

Abb. 45.1 Rutschversuch

Abb. 46.1 Bleistift auf zwei Fingern

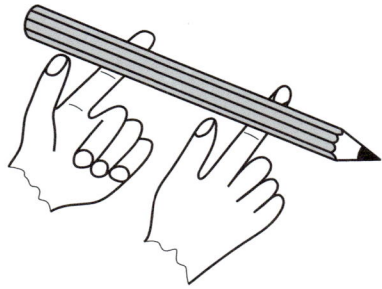

Gleitreibung (trockene Reibung):
Bewegt sich der Körper, so hängt der Reibungskoeffizient von der Geschwindigkeit ab. Der Reibungskoeffizient sinkt ab und nähert sich einem Grenzwert, dem Gleitreibungskoeffizienten μ_G an. Vereinfacht kann, der Gleitreibungskoeffizient zur Berechnung der Reibungskraft F_R verwendet werden.

$$F_R = \mu_G \cdot F_N \qquad (46.1)$$

Beispiel, vergleiche Abb. 46.1:
Legt man einen Bleistift auf zwei Finger und bewegt diese zueinander, so haftet der Bleistift auf einem Finger und rutscht auf dem anderen. Haftreibung tritt immer an dem Finger auf, bei dem die Stützkraft größer ist. Durch die Bewegung ändert sich die Stützkraft an den beiden Fingern ($\mu_G < \mu_0$).

Reibungskegel

Der Reibungskegel ist ein gedachter Kegel mit dem Öffnungswinkel ρ_0 (Winkel zwischen der Mittelachse und einer Mantelerzeugenden). Wirkt auf einen Körper eine Kraft (F_1) innerhalb des Reibungskegels, so haftet der Körper. Wirkt die Kraft (F_2) außerhalb des Kegels, so wird sich der Körper bewegen (siehe Abb. 46.2).

Abb. 46.2 Reibungskegel

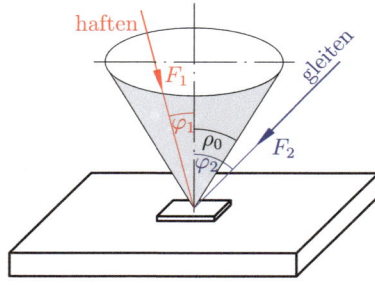

9.1 Reibung in einer Keilnut

Führungen von Werkzeugmaschinen sind häufig keilnutförmig ausgeführt, siehe Abb. 47.1. Der Schlitten wird durch die Kraft F belastet und durch die Kraft F_1 auf den Führungsflächen (normal zur Bildebene) verschoben. Die Gleitreibungszahl μ_G ist gegeben. Ziel ist es, die Kraft F_1 zu bestimmen, die notwendig ist, um den Schlitten mit konstanter Geschwindigkeit zu bewegen.

Das Kräftegleichgewicht in z-Richtung ergibt:

$$F_1 - 2\,F_R = 0 \tag{47.1}$$

Das Kräftegleichgewicht in y-Richtung liefert:

$$2\,F_N \cos\alpha - F = 0 \Rightarrow F_N = \frac{F}{2\cos\alpha} \tag{47.2}$$

Nach dem Reibungsgesetz gilt:

$$F_R = \mu_G\,F_N \tag{47.3}$$

Einsetzen von Gl. 47.3 und 47.2 in Gl. 47.1 ergibt:

$$F_1 = 2\,F_R = 2\mu_G\,F_N = \frac{\mu_G\,F}{\cos\alpha} = \mu'_G F$$

Den Ausdruck

$$\boxed{\mu'_G = \frac{\mu_G}{\cos\alpha}} \tag{47.4}$$

bezeichnet man als Keilreibungszahl.

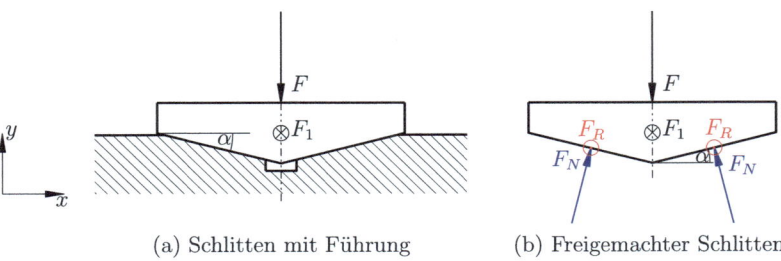

(a) Schlitten mit Führung (b) Freigemachter Schlitten

Abb. 47.1 Keilreibung

9.2 Spurzapfenreibung

Ein Zapfen wird, wie in Abb. 48.1, durch die Kraft F axial belastet und durch ein Moment M verdreht. An der Auflagefläche wird angenommen, dass die Normalkraft gleichmäßig verteilt wirkt ($dF_N = \frac{F}{A} dA$). Damit wird $dF_R = \mu_0 dF_N = \mu_0 \frac{F}{A} dA$.

Reibungsmoment, das zum Verdrehen notwendig ist:

$$M = \int r_1 \, dF_R = \int r_1 \, \mu_0 \frac{F}{A} \, dA = \int_r^R r_1 \, \mu_0 \frac{F}{A} \, 2\pi \, r_1 \, dr_1 = \mu_0 \frac{F}{A} 2\pi \left. \frac{r_1^3}{3} \right|_r^R =$$

$$\mu_0 \frac{F}{A} 2\pi \frac{R^3 - r^3}{3}$$

Mit $A = (R^2 - r^2)\pi$ wird dies zu:

$$\boxed{M = \mu_0 \, F \, \frac{2}{3} \frac{R^3 - r^3}{R^2 - r^2}} \tag{48.1}$$

Der Ausdruck $\frac{2}{3} \frac{R^3 - r^3}{R^2 - r^2}$ ist der wirksame Reibungsradius.

Bei einem kegelförmigen Zapfen, wie in Abb. 49.1, wird anstelle von μ_0 die Keilreibungszahl $\mu_0' = \frac{\mu_0}{\cos \alpha}$ analog wie in Gl. 47.4 verwendet.

$$\boxed{M = \frac{\mu_0}{\cos \alpha} \, F \, \frac{2}{3} \frac{R^3 - r^3}{R^2 - r^2}} \tag{48.2}$$

Abb. 48.1 Zapfenreibung

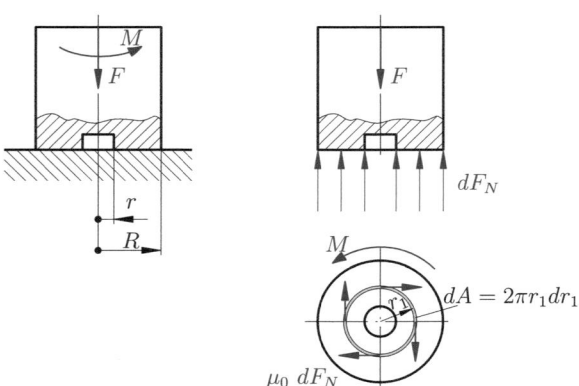

9.3 Lagerreibung

Abb. 49.1 Zapfenreibung

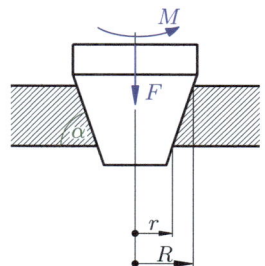

9.3 Lagerreibung

Bei trockener Reibung gilt das Coulomb'sche Reibungsgesetz. Weil die vektorielle Summe der Kräfte im Gleichgewicht Null sein muss, ist die resultierende Kraft aus der Reibungskraft F_R und der Normalkraft F_N gleich der Lagerkraft.

$$\mathbf{F} = \mathbf{F_R} + \mathbf{F_N}$$

Dazu kann die Normalkraft nicht am Schnittpunkt der Wirkungslinie der Lagerlast F und der Bohrungs-Geometrie angreifen, sondern wirkt entsprechend der Drehrichtung etwas vor diesem Punkt, siehe Abb. 49.2. Das dadurch entstehende Kräftepaar bewirkt das Reibungsmoment. Aus Abb. 49.2b erkennt man: $F_R = F \sin \rho_0$. Das Reibungsmoment ist: $M = F_R \, r$.

Der mathematische Zusammenhang zwischen $\sin \rho_0$ und $\tan \rho_0$ ist in Abb. 50.1 ersichtlich.

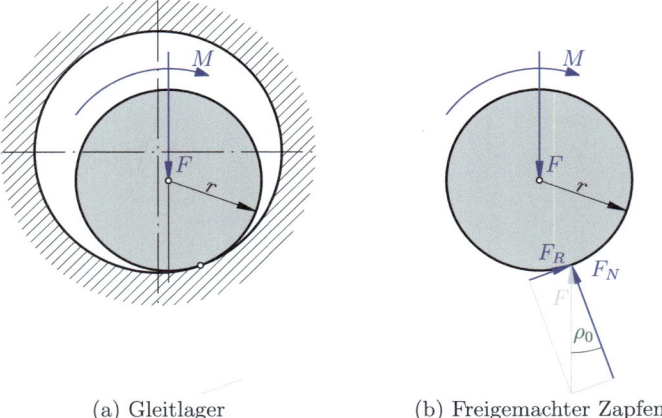

(a) Gleitlager (b) Freigemachter Zapfen

Abb. 49.2 Trockene Reibung im Gleitlager

Abb. 50.1 Zusammenhang zwischen sin ρ_0 und tan ρ_0

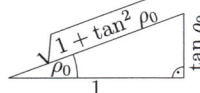

$$\sin \rho_0 = \frac{\tan \rho_0}{\sqrt{1 + \tan^2 \rho_0}} = \frac{\mu_0}{\sqrt{1 + \mu_0^2}}$$

Damit wird das Reibungsmoment zu:

$$\boxed{M = F\, r\, \frac{\mu_0}{\sqrt{1 + \mu_0^2}}} \tag{50.1}$$

9.4 Schraube

9.4.1 Schraube mit Flachgewinde

Die Gleichgewichtsbedingungen für ein kleines Teil, das entlang der Schraubenfläche verschoben wird, ergeben sich aus Abb. 50.2b:

$$\sum F_x = 0 \Rightarrow F_u - F_A \sin(\alpha + \rho_0) = 0 \tag{50.2}$$

$$\sum F_y = 0 \Rightarrow -F + F_A \cos(\alpha + \rho_0) = 0 \Rightarrow F_A = \frac{F}{\cos(\alpha + \rho_0)} \tag{50.3}$$

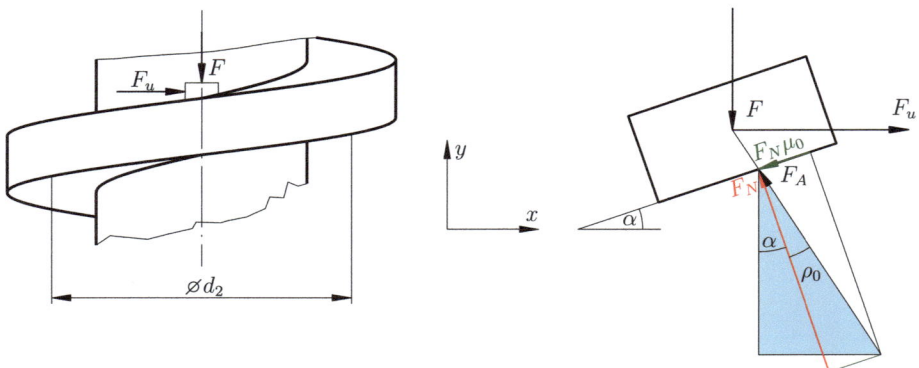

(a) Kleines Teil auf der Schraubfläche mit der axialen Schraubenbelastung F und der Verschiebekraft F_u

(b) Freigemachtes Teil auf der abgewickelten Schraubenlinie (schiefe Ebene)

Abb. 50.2 Schraube mit Flachgewinde beim Anziehen

9.4 Schraube

Abb. 51.1 Steigungswinkel α der abgewickelten Schraubenlinie

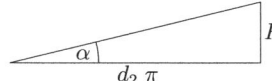

Abb. 51.2 Anzugsmoment an der Schraube

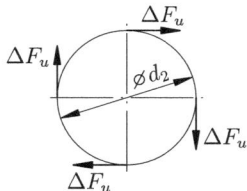

Einsetzen von Gl. 50.3 in Gl. 50.2 ergibt: $F_u = \dfrac{F}{\cos(\alpha + \rho_0)} \sin(\alpha + \rho_0)$.

$$\boxed{F_u = F \tan(\alpha + \rho_0)} \qquad (51.1)$$

Der Winkel α ergibt sich, wie in Abb. 51.1 dargestellt, aus dem Flankendurchmesser d_2 und der Steigung P.

$$\boxed{\tan \alpha = \dfrac{P}{d_2 \, \pi}} \qquad (51.2)$$

Anzugsmoment

Das Anzugsmoment M_A erhält man aus dem Momentensatz um die Schraubenachse nach Abb. 51.2.

$$M_A = \sum \Delta F_u \, \dfrac{d_2}{2} = F_u \, \dfrac{d_2}{2}$$

$$\boxed{M_A = F \tan(\alpha + \rho_0) \, \dfrac{d_2}{2}} \qquad (51.3)$$

Wirkungsgrad

Betrachtet man eine Umdrehung, so lassen sich die Nutzarbeit, die aufgewendete Arbeit und damit der Wirkungsgrad bestimmen.

$$\eta = \dfrac{W_n}{W_a} \qquad W_n \ldots \text{Nutzarbeit}$$
$$\qquad\qquad\qquad W_a \ldots \text{aufgewendete Arbeit}$$

$$W_n = F \cdot P \qquad W_a = M \, 2\pi = F \tan(\alpha + \rho_0) \, \dfrac{d_2}{2} \, 2\pi$$

$$\eta = \dfrac{F \cdot P}{F \tan(\alpha + \rho_0) \, d_2 \, \pi} \quad \text{mit } P = d_2 \, \pi \tan \alpha \Rightarrow \quad \eta = \dfrac{d_2 \pi \tan \alpha}{\tan(\alpha + \rho_0) \, d_2 \, \pi}$$

$$\eta = \frac{\tan \alpha}{\tan(\alpha + \rho_0)} \tag{52.1}$$

Im Grenzfall gilt:

$$\alpha = \rho \qquad \eta = \lim_{\alpha \to 0} \frac{\tan \alpha}{\tan 2\alpha} = 0.5$$

Für Selbsthemmung gilt:

$$\boxed{\eta < 0.5} \tag{52.2}$$

Für das Haltemoment der Schraube wirkt die Reibungskraft $F_N \, \mu_0$ in die entgegengesetzte Richtung wie in Abb. 50.2b.

$$\boxed{M_H = F \tan(\alpha - \rho_0) \frac{d_2}{2}} \tag{52.3}$$

9.4.2 Schraube mit Trapez- oder Spitzgewinde

Anmerkung: Im Schnitt B-B sind die Flanken nur näherungsweise gerade (siehe Abb. 52.1)!

$$\tan \beta = \frac{B - b}{2h} \qquad \tan \gamma = \frac{B \cos \alpha - b \cos \alpha}{2h} \to$$

$$\boxed{\tan \gamma = \tan \beta \cos \alpha} \tag{52.4}$$

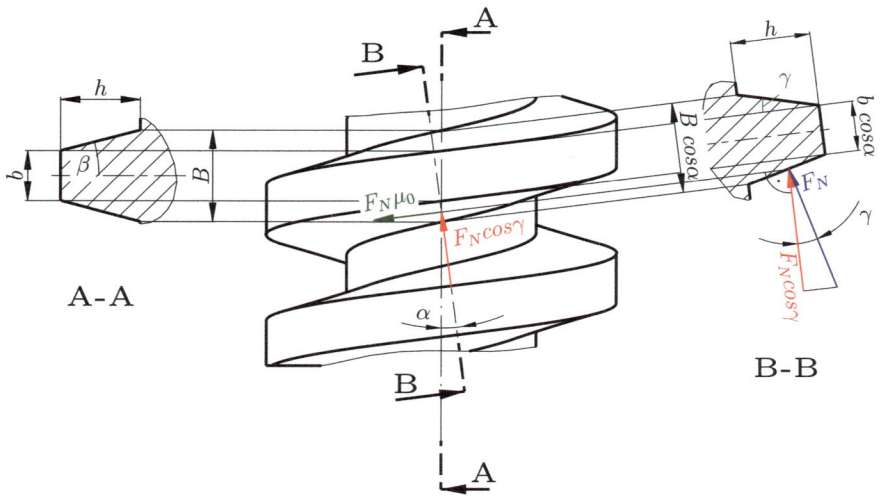

Abb. 52.1 Schraube mit Trapez- oder Spitzgewinde

9.4 Schraube

Für kleine Steigungswinkel α gilt $\cos\alpha \approx 1$. Damit folgt aus Gl. 52.4:

$$\boxed{\gamma \approx \beta} \tag{53.1}$$

Analog zu Gl. 47.4 lässt sich ein neuer Reibungswinkel, der sogenannte Keilreibungswinkel ρ_0' definieren.

$$\boxed{\tan\rho_0' = \mu_0' = \frac{\mu_0}{\cos\gamma} \approx \frac{\mu_0}{\cos\beta}} \tag{53.2}$$

Das Anzugsmoment ergibt mit dem Keilreibungswinkel ρ_0' und dem Flankendurchmesser d_2:

$$\boxed{M_A = F \tan(\alpha + \rho_0')\frac{d_2}{2}} \tag{53.3}$$

Zum Halten benötigt man bei nicht selbsthemmenden Schrauben:

$$\boxed{M_H = F \tan(\alpha - \rho_0')\frac{d_2}{2}} \tag{53.4}$$

Für Selbsthemmung gilt:

$$\boxed{\rho_0' \geq \alpha} \tag{53.5}$$

Berücksichtigung der Reibung an der Schraubenkopfauflage (siehe Abb. 53.1):

$M_K = \sum \Delta F \mu_A \frac{d_A}{2} = F \mu_A \frac{d_A}{2}$
$d_A \approx 1.3\, d$

$$\boxed{M_A = F \left[\tan(\alpha + \rho_0')\frac{d_2}{2} + \mu_A \frac{d_A}{2}\right]} \tag{53.6}$$

d_A ... wirksamer Reibungsdurchmesser der Auflagefläche
μ_A ... Haftreibungskoeffizient an der Schraubenkopfauflage

Abb. 53.1 Reibung am Schraubenkopf

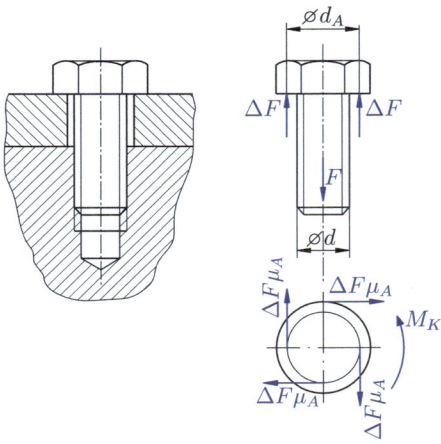

Abb. 54.1 Rollreibung am Rad mit Druckverteilung

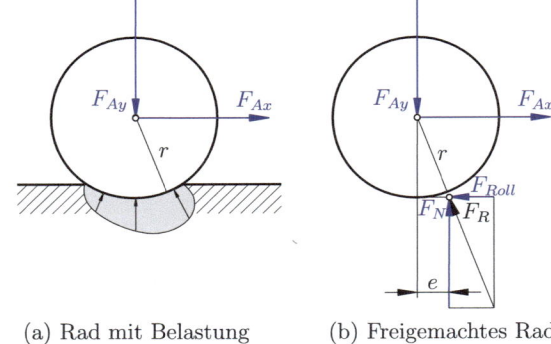

(a) Rad mit Belastung   (b) Freigemachtes Rad

9.5 Rollreibung

Weil weder das Rad noch die Auflage starr sind, findet die Berührung in einer Fläche statt. Wirken auf einen Rollkörper die Kräfte F_{Ax} und F_{Ay}, so beginnt sich dieser zu drehen. Die Reaktionskraft F_R muss durch den Mittelpunkt des Rades gehen. Diese schneidet die Auflagefläche in einem Abstand e von F_{Ay}. Zerlegt man F_R in die Komponenten F_N und F_{Roll} folgt aus den Gleichgewichtsbedingungen für ein Rad, siehe Abb. 54.1b:

$$F_{Ay} = F_N \qquad F_{Ax} = F_{Roll}$$

$$F_{Roll}\, r = F_N\, e$$

$$\boxed{F_{Roll} = \frac{e}{r} F_N = \mu_R\, F_N} \qquad (54.1)$$

e wird als Hebelarm der Rollreibung bezeichnet und wird in Richtung der Bewegungstendenz nach vorne gemessen. Die Kraft F_{Roll} nennt man Rollwiderstand. Diese ist von der Radlast F_{Ay}, und von Fahrbahnbeschaffenheit sowie vom Werkstoff des Rads abhängig.
Der Rollwiderstandsbeiwert μ_R liegt bei PKW Reifen für niedrige Geschwindigkeiten meist unter 1 %. Damit der Reifen rollt, muss $\mu_R \leq \mu_0$ sein.

9.6 Seilreibung

Seilreibung tritt auf, wenn ein Seil um einen festen (nicht drehbaren) Körper gezogen wird. Sie tritt auch bei Riementrieben und bei Seilbremsen auf, bei denen das maximal übertragbare Drehmoment begrenzt wird.

9.6 Seilreibung

Um einen Zylinder (es muss kein Kreiszylinder sein) wird ein vollkommen biegeschlaffes Seil geschlungen, dessen Eigengewicht vernachlässigbar klein ist. Der Coulomb'sche Reibungskoeffizient μ_0 ist bekannt. An einem Ende des Seils wirkt die Seilkraft F_{S1}. Wie groß kann die Seilkraft F_{S2} am anderen Ende des Seils sein, damit gerade noch keine Bewegung in Richtung der Seilkraft F_{S2} stattfindet?

Aus den Gleichgewichtsbedingungen für ein kleines Seilelement, vergleiche Abb. 56.1b, folgen die 2 Gleichungen:

$$[-F_S + (F_S + dF_S)]\cos\frac{d\varphi}{2} - \mu_0 dF_N = 0$$

$$-[F_S + (F_S + dF_S)]\sin\frac{d\varphi}{2} + dF_N = 0$$

Für kleine Winkel $d\varphi$ gilt: $\sin d\varphi = d\varphi$ und $\cos d\varphi = 1$. Bei Vernachlässigung der Terme zweiter und höherer Kleinheitsordnung (fallen beim Grenzübergang weg) folgt:

$$dF_S = \mu_0 dF_N$$

$$\cancel{2}F_S\frac{d\varphi}{\cancel{2}} + \cancel{dF_S\frac{d\varphi}{2}} = dF_N$$

Daraus ergibt sich, wenn man dF_N eliminiert, die Differentialgleichung:

$$\frac{dF_S}{F_S} = \mu_0 d\varphi$$

Durch Integrieren erhält man die Euler'sche Seilreibungsformel[1]

$$\boxed{F_{S2} = F_{S1}e^{\mu_0\alpha}} \tag{55.1}$$

e ... Euler'sche Zahl, μ_0 ... Haftreibungskoeffizient, α ... Umschlingungswinkel [rad]

$$\boxed{F_R = F_{S2} - F_{S1}} \tag{55.2}$$

Die Differenz von F_{S2} und F_{S1} entspricht der Reibungskraft F_R, die auf das Seil wirkt.

Seilkraft
Die Zugkraft im Seil nimmt immer in Richtung der Bewegungstendenz des Seiles zu. Die größere Kraft wirkt entgegen der Reibungskraft am Seil.

---

[1] Leonhard EULER 1707–1783

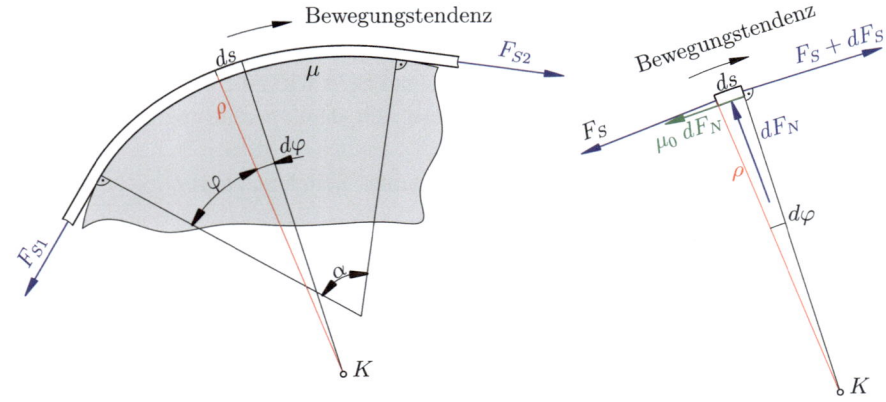

(a) Um einen Körper geschlungenes Seil   (b) Freigemachtes Seil-Element

Abb. 56.1 Seilreibung

Beispiel 56.1 – *Seilreibung an einer zusammengesetzten Scheibe:*
Eine Scheibe ist am äußeren Durchmesser R mit einem Seil um $180°$ umschlungen und aufgehängt. Die Last F_G hängt an einem Seil, das am inneren Durchmesser r mehrmals umschlungen und an der Scheibe befestigt ist, siehe Abb. 57.1a
Gegeben: Gewichtskraft F_G, Haftreibungskoeffizient μ_0.
Gesucht: Größtes Verhältnis $\frac{r}{R}$, damit das aufgehängte Seil nicht an der Scheibe rutscht.

Die Summe der Momente um den Punkt O in Abb. 57.1b ergibt:

$$\Sigma M_O = 0 : \quad F_G\, r + F_{S1}\, R - F_{S2}\, R = 0 \tag{56.1}$$

Die Summe der vertikalen Kräfte ergibt:

$$\Sigma F_v = 0 : \quad -F_G + F_{S1} + F_{S2} = 0 \Rightarrow F_{S2} = F_G - F_{S1} \tag{56.2}$$

Einsetzen von Gl. 56.2 in Gl. 56.1 ergibt:

$$F_{S1} = \frac{1}{2} F_G \left(1 - \frac{r}{R}\right) \qquad F_{S2} = \frac{1}{2} F_G \left(1 + \frac{r}{R}\right) \tag{56.3}$$

9.6 Seilreibung

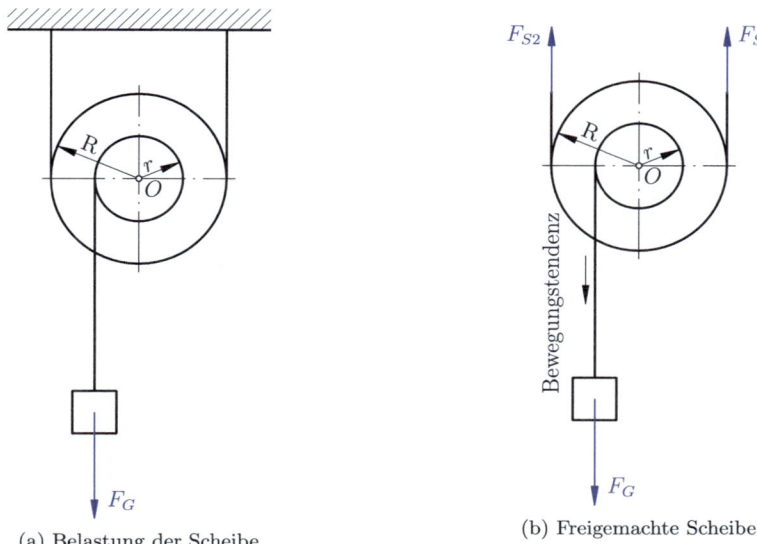

(a) Belastung der Scheibe
(b) Freigemachte Scheibe

Abb. 57.1 An einem Seil aufgehängte Scheibe

Wegen der Bewegungstendenz gilt: $F_{S2} > F_{S1}$. Einsetzen von den Gl. 56.3 in die Gleichung für die Seilreibung 55.1 ergibt, dass das Seil haftet, wenn:

$$F_{S2} \leq F_{S1}\, e^{\mu_0 \alpha} \qquad \underbrace{\frac{1}{2} F_G \left(1 + \frac{r}{R}\right)}_{F_{S2}} \leq \underbrace{\frac{1}{2} F_G \left(1 - \frac{r}{R}\right)}_{F_{S1}} e^{\mu_0 \alpha} \tag{57.1}$$

Wenn $\alpha = \pi$ folgt: $\boxed{\dfrac{r}{R} \leq \dfrac{e^{\mu_0 \pi} - 1}{e^{\mu_0 \pi} + 1}}$

Fachwerke

10

Fachwerke sind tragende Gerüste, die aus Stäben bestehen. Die Stäbe sind mit Knotenblechen aneinander genietet oder geschweißt. Sie können demnach Zug-, Druckkräfte und Momente übertragen. Vereinfacht wird angenommen, dass die Stäbe drehgelenkig und reibungsfrei miteinander verbunden sind (Zweigelenkstäbe) und deshalb nur Zug-, Druckkräfte übertragen können.

10.1 Statisch bestimmte und statisch unbestimmte Fachwerke

Die Auflager des Fachwerks können gedanklich immer durch Stützstäbe ersetzt werden. Das Festlager wird durch zwei Stäbe und das Loslager durch einen Stab ersetzt, siehe Abb. 59.1. Jeder Stab kann entweder eine Zug- oder eine Druckkraft übertragen. Die Anzahl der Unbekannten entspricht demnach der Anzahl der Stäbe s (inkl. der Ersatzstäbe für die Auflager). Punkte, an denen mindestens zwei Stäbe zusammentreffen, werden als Knoten k bezeichnet.

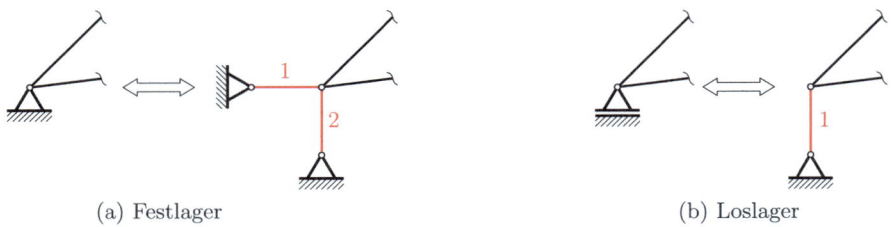

(a) Festlager   (b) Loslager

Abb. 59.1 Ersatzstäbe für ein Fest- bzw. ein Loslager

Für jeden Knoten können die zwei Gleichgewichtsbedingungen $\sum F_x = 0$ und $\sum F_y = 0$ angeschrieben werden. Es können somit $2k$ Gleichungen angeschrieben werden.

Statische Bestimmtheit eines Fachwerkes
Das Fachwerk ist statisch bestimmt, wenn die Bedingung $\boxed{s = 2k}$ erfüllt ist.

Für $s > 2k$ ist das Fachwerk statisch unbestimmt, d. h. es müssen zusätzliche Verformungsbedingungen zur Ermittlung der Stabkräfte herangezogen werden. Für $s < 2k$ ist das Fachwerk beweglich.

10.2 Rechnerische Lösung

Beispiel 60.1 – *Ebenes, symmetrisches Fachwerk (vergl. Abb. 60.1)*:
Gegeben:
$F_{II} = 3000$ N, $\alpha_1 = 45°$, $\alpha_2 = 27°$, $\alpha_3 = 63°$

Gesucht:
a) statische Bestimmtheit
b) Auflagerkräfte
c) Stabkräfte

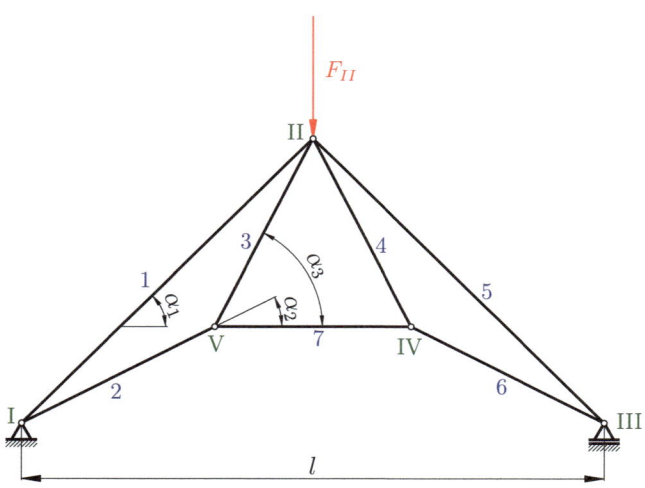

Abb. 60.1 Ebenes Fachwerk

10.2 Rechnerische Lösung

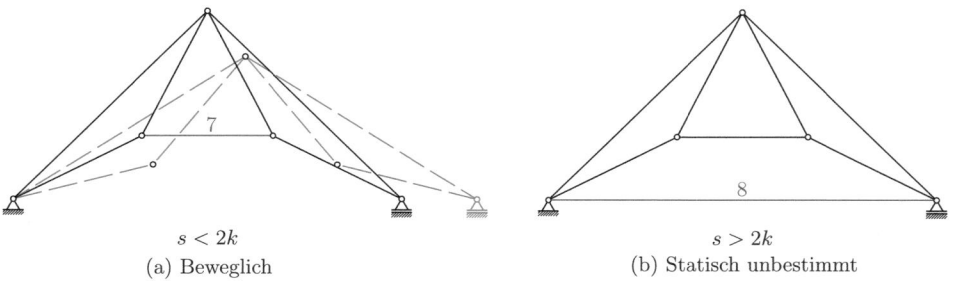

(a) Beweglich $s < 2k$

(b) Statisch unbestimmt $s > 2k$

Abb. 61.1 Bewegliches- und statisch unbestimmtes Fachwerk

a) Statische Bestimmtheit:
   Anzahl der Knoten $k = 5$, Anzahl der Stäbe (inkl. der Ersatzstäbe für die Auflager) $s = 7 + 2 + 1 = 10$
   $2k = s \Rightarrow$ statisch bestimmtes Fachwerk.
   Entfernt man Stab 7 aus dem Fachwerk, so entsteht ein bewegliches Gebilde.
   Fügt man einen Stab (8) zwischen Knoten I und Knoten III hinzu, so entsteht ein statisch unbestimmtes Fachwerk, vergl. Abb. 61.1.

b) Bestimmung der Auflagerkräfte:
   Aufgrund der Symmetrie folgt für die vertikalen Auflagerreaktionen
   $$F_I = F_{III} = \frac{F_{II}}{2} = 1500\ \text{N}$$

c) Bestimmung der Stabkräfte:
   Alle Stäbe werden als Zugstäbe angenommen. Die Richtung der Stäbe wird durch den Winkel zwischen der Stabachse und der Horizontalen definiert $\alpha_1 \ldots \alpha_6$. Jeder Knoten wird freigeschnitten, und die zwei Gleichgewichtsbedingen $\sum F_x = 0$ und $\sum F_y = 0$ werden angeschrieben. Günstig ist es, wenn man Knoten verwendet, an denen möglichst wenige Unbekannte vorkommen, damit der rechnerische Aufwand gering bleibt.
   Gleichgewichtsbedingungen am Knoten I (vergleiche Abb. 62.1):
   $$0 = F_{s1} \cos\alpha_1 + F_{s2} \cos\alpha_2 \Rightarrow F_{s1} = \frac{-F_{s2} \cos\alpha_2}{\cos\alpha_1}$$
   $$0 = F_I + F_{s1} \sin\alpha_1 + F_{s2} \sin\alpha_2 = F_I - \frac{F_{s2} \cos\alpha_2}{\cos\alpha_1} \sin\alpha_1 + F_{s2} \sin\alpha_2 \Rightarrow$$
   $$F_{s2} = \frac{F_I}{\tan\alpha_1 \cos\alpha_2 - \sin\alpha_2}$$
   Gleichgewichtsbedingungen am Knoten V (vergleiche Abb. 62.1):
   $$-F_{s2} \sin\alpha_2 + F_{s3} \sin\alpha_3 = 0 \Rightarrow F_{s3} = \frac{F_{s2} \sin\alpha_2}{\sin\alpha_3}$$
   $$-F_{s2} \cos\alpha_2 + F_{s3} \cos\alpha_3 + F_{s7} = 0 \Rightarrow F_{s7} = F_{s2} \cos\alpha_2 - F_{s3} \cos\alpha_3$$

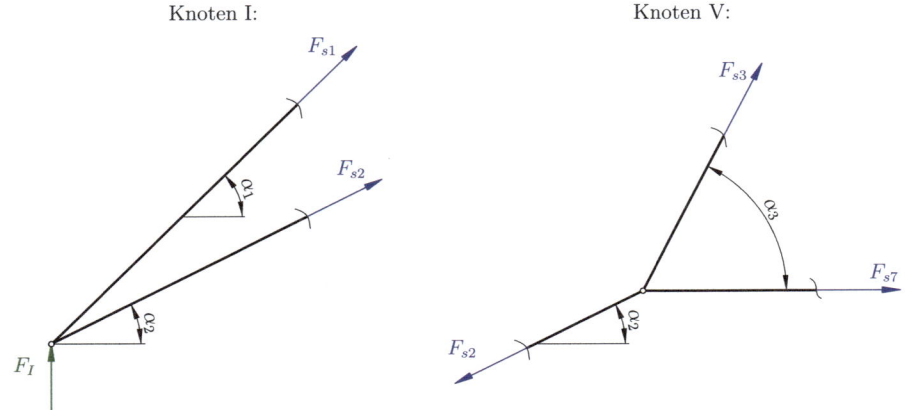

Abb. 62.1 Freigemachte Fachwerkknoten I und V

Aufgrund der Symmetrie gilt:
$F_{s1} = F_{s5}$
$F_{s2} = F_{s6}$
$F_{s3} = F_{s4}$

In Tab. 62.1 sind die Stabkräfte aufgelistet.

Tab. 62.1 Stabkräfte des Fachwerkes aus Abb. 60.1

$F_{s1} = -4325$ N ... Druckstab
$F_{s2} = +3432$ N ... Zugstab
$F_{s3} = +1749$ N ... Zugstab
$F_{s4} = +1749$ N ... Zugstab
$F_{s5} = -4325$ N ... Druckstab
$F_{s6} = +3432$ N ... Zugstab
$F_{s7} = +2264$ N ... Zugstab

10.3 Zeichnerische Lösung – Cremona Plan

Jedem Knoten im Lageplan ist ein Krafteck zugeordnet. Damit die Stabkräfte nur einmal vorkommen, muss ein einheitlicher Umlaufsinn gewählt werden.

10.3 Zeichnerische Lösung – Cremona Plan

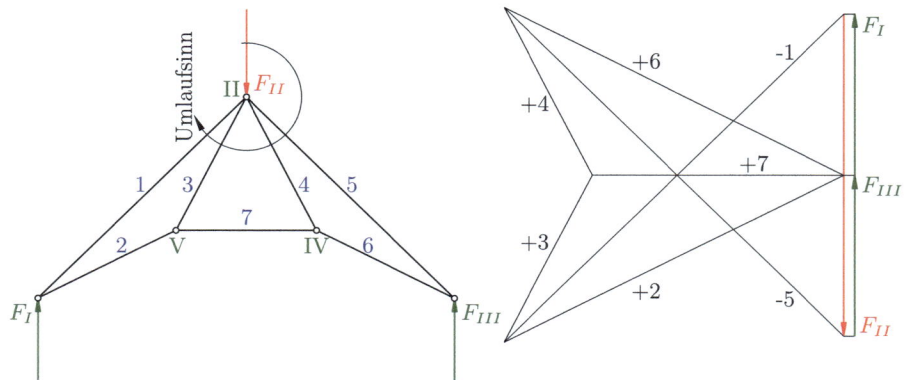

Abb. 63.1 Cremona Plan: Die Wirkung der Kräfte wird im Kräfteplan durch das Vorzeichen angegeben (+ ... Zugkraft, − ... Druckkraft)

Vorgehensweise, vergl. Abb. 63.1

1. Umlaufsinn festlegen.
2. Auflagerkräfte ermitteln.
   Aus Symmetriegründen sind die Auflagerkräfte gleich groß. Für den gewählten Umlaufsinn gilt die Reihenfolge F_{II}, F_{III}, F_I.
3. Inneres Krafteck aufbauen.
   Es können Knoten mit zwei unbekannten Stabkräften betrachtet werden. Beim Knoten I ist F_I bekannt, und die Kräfte in den Stäben 1 und 2 sind unbekannt. Für das Krafteck gilt die Reihenfolge: F_I, Stabkraft 1, Stabkraft 2. Die Pfeilrichtung der Stabkräfte im Knoten I muss im Krafteck einen gemeinsamen Umlaufsinn ergeben. Da die Stabkraft 1 zum Knoten hin wirkt, ist sie negativ (Druckkraft). Stabkraft 2 wirkt vom Knoten weg und ist deshalb positiv (Zugkraft). Dies wird im Kräfteplan durch das Vorzeichen angegeben. Im Knoten V ist jetzt die Stabkraft 2 bekannt, und die Stabkräfte 3 und 7 sind unbekannt. Für die Reihenfolge gilt: Stabkraft 2, 3, 7. Da die Stabkraft 2 eine Zugkraft ist, wirkt sie jetzt vom Knoten V weg. Im Krafteck 2,3,7 wirken alle Kräfte vom Knoten V weg und sind deshalb Zugkräfte.
   Analog verfährt man für die Knoten IV und III. Knoten II ist dadurch bereits gelöst und kann kontrolliert werden.

10.4 Ritterschnitt (Dreistäbeschnitt)

Sollen nur ausgewählte Stabkräfte ermittelt werden, so kann man einen Schnitt durch drei Stäbe legen, der das gesamte Fachwerk in zwei Teile zerlegt. Aus den Gleichgewichtsbedingungen für einen der beiden Teile kann die gesuchte Stabkraft ermittelt werden, vergl. Abb. 64.1. Die graphische Lösung liefert die Culmann'sche Methode, siehe Abb. 65.1.

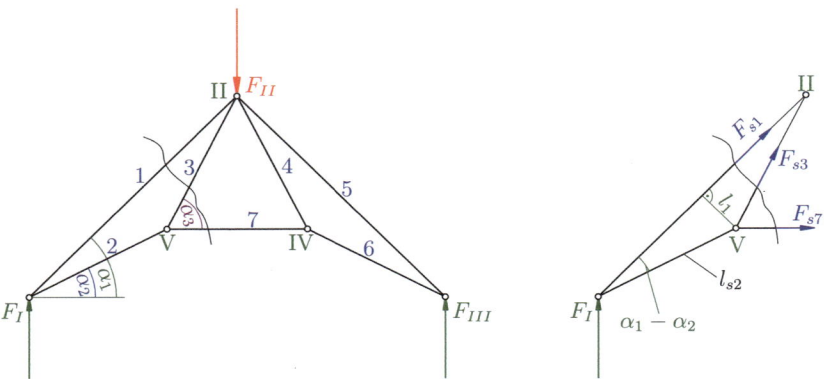

Abb. 64.1 Ritterschnitt

Länge von Stab 2: $l_{s2} = \dfrac{l_1}{\sin(\alpha_1 - \alpha_2)}$

$\sum M_V = 0: \ -F_I \, l_{s2} \cos\alpha_2 - F_{s1} \, l_1 = 0 \Rightarrow \quad F_{s1} = \dfrac{-F_I \, l_{s2} \cos\alpha_2}{l_1}$

$F_{s1} = \dfrac{-F_I \, \dfrac{\cancel{l_1}}{\sin(\alpha_1 - \alpha_2)} \cos\alpha_2}{\cancel{l_1}}$

$F_{s1} = -4325 \text{ N}$

$\sum F_y = 0: \ F_I + F_{s3} \sin\alpha_3 + F_{s1} \sin\alpha_1 = 0 \Rightarrow \quad F_{s3} = 1749 \text{ N}$

$\sum F_x = 0: \ F_{s1} \cos\alpha_1 + F_{s3} \cos\alpha_3 + F_{s7} = 0 \Rightarrow \quad F_{s7} = 2264 \text{ N}$

10.4 Ritterschnitt (Dreistäbeschnitt)

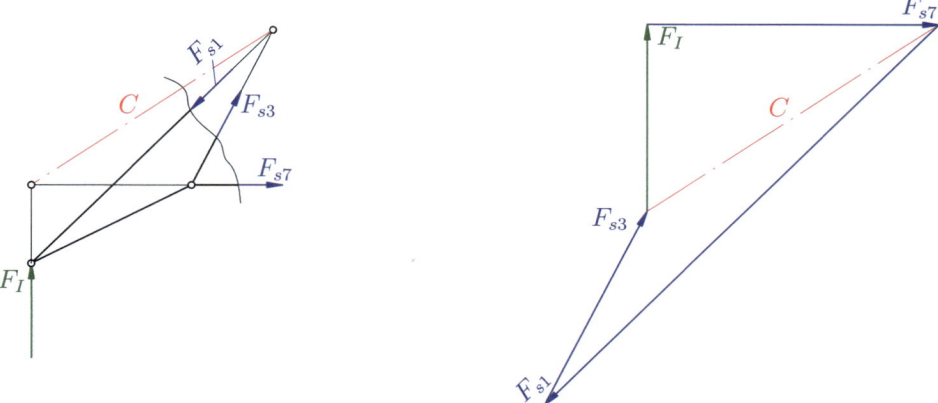

Abb. 65.1 Ritterschnitt-Culmann'sche Methode

Der Vektor eines Kräftepaares, der Momentenvektor

11

Der Momentenvektor ersetzt das Kräftepaar. Er steht normal zur Ebene, in der das Kräftepaar liegt. Die Pfeilrichtung ergibt sich entsprechend einer Rechtsschraube (siehe Abb. 67.1). Wirken zwei Momente in verschiedenen Ebenen, die unter dem Winkel α zueinander stehen, so kann das resultierende Moment folgendermaßen bestimmt werden: Aus den beiden Momentenvektoren wird mit Hilfe des Parallelogrammaxioms der resultierende Momentenvektor gebildet. Das resultierende Moment wirkt in einer Ebene, die normal zum resultierenden Momentenvektor steht (siehe Abb. 67.2). Der Momentenvektor am starren Körper ist ein freier Vektor.

$$\boxed{M_R = \sqrt{M_1^2 + M_2^2 + 2\,M_1\,M_2\,\cos\alpha}} \tag{67.1}$$

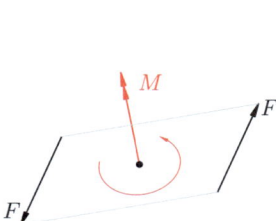

Abb. 67.1 Momentenvektor

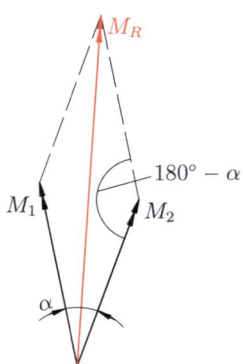

Abb. 67.2 Resultierender Momentenvektor

Räumliches Kräftesystem 12

Wie beim ebenen Kraftsystem, gelten auch beim räumlichen Kraftsystem die Gl. 19.1 und 27.1. Dies sind im Raum jeweils 3 Gleichungen für die Summe der Kräfte und 3 Gleichungen für die Summe der Momente entlang der Koordinatenachsen.

12.1 Reduktion des Raumkraftsystems

Wirken an einem starren Körper n Einzelkräfte, so können diese in einem beliebigen Punkt zu einer Einzelkraft und einem Einzelmoment reduziert werden. Da sich die Einzelkräfte im allgemeinen nicht schneiden (windschiefe Wirkungslinien), gelingt die Reduktion mit dem Parallelogrammaxiom nicht sofort. Die Kraft F_A in Abb. 70.1 soll z. B. im Ursprung O angreifen. Eine Verschiebung ist aber nur entlang der Wirkungslinie möglich. Deshalb fügt man im Ursprung eine Zwei-Kräfte-Gleichgewichtsgruppe ein und erhält dadurch ein Kräftepaar mit dem Normalabstand h. Dieses Kräftepaar wird durch den Momentenvektor M_A ersetzt. In dem so erhaltenen System greift die Kraft F_A im Ursprung an. Zusätzlich wirkt aber auch der Momentenvektor M_A. Bei mehreren Kräften kann dieser Vorgang für jede Einzelkraft durchgeführt werden. Dadurch erhält man ein Kräfte- und ein Momentenbüschel im Ursprung. Das Kräftebüschel und das Momentenbüschel können jetzt mit dem Parallelogrammaxiom durch eine resultierende Kraft bzw. ein resultierendes Moment ersetzt werden.

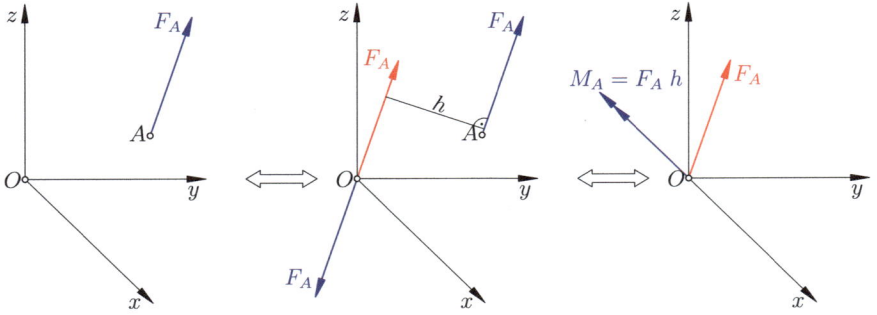

Abb. 70.1 Reduktion einer Kraft in einen Punkt

12.2 Gleichgewichtsbedingungen bei einem Raumkraftsystem

Ein starrer Körper befindet sich im Gleichgewicht, wenn die Summe der Momente und die Summe der Kräfte bezüglich eines beliebigen Reduktionspunktes verschwinden.

$$\boxed{\begin{aligned}\sum F_x &= 0 & \sum M_x &= 0 \\ \sum F_y &= 0 & \sum M_y &= 0 \\ \sum F_z &= 0 & \sum M_z &= 0\end{aligned}}\tag{70.1}$$

Beispiel 70.1 – *Getriebewelle mit zwei geradverzahnten Stirnrädern:*
Für die in Abb. 71.1 dargestellte Zahnradwelle sollen die Auflagerreaktionen an den Lagerstellen A und B bestimmt werden.
Gegeben: Zahneingriffswinkel $\alpha = 20°$, $d_1 = 240\ mm$, $d_2 = 100\ mm$, $l_1 = 120\ mm$, $l_2 = 130\ mm$, $l = 400\ mm$, $F_{t1} = 2000\ N$
Die an den Lagerstellen freigemachte Zahnradwelle ist in Abb. 71.2 in den drei Hauptansichten dargestellt.
Bestimmung der Zahnkräfte:
Aus der Gleichgewichtsbedingung für die Summe der Momente um die $y-$ Achse folgt:
$$\sum M_y = 0: \ -F_{t1}\frac{d_1}{2} + F_{t2}\frac{d_2}{2} = 0 \Rightarrow F_{t2} = F_{t1}\frac{d_1}{d_2} = \boxed{F_{t2} = 4800\ N}$$
Für die Zahnkräfte in radialer Richtung gilt, wie in Abb. 71.3 dargestellt:

$F_{r1} = F_{t1}\ \tan\alpha = \boxed{F_{r1} = 728\ N}$

$F_{r2} = F_{t2}\ \tan\alpha = \boxed{F_{r2} = 1747\ N}$

12.2 Gleichgewichtsbedingungen bei einem Raumkraftsystem

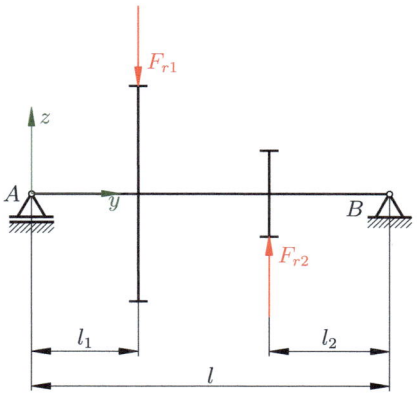
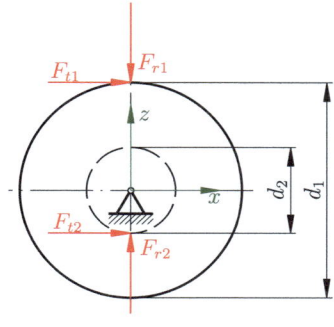

Abb. 71.1 Getriebewelle mit zwei Zahnrädern

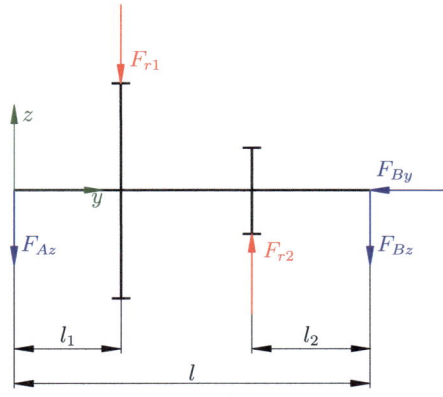
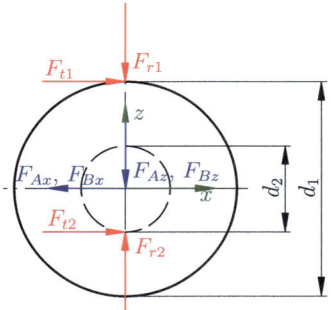

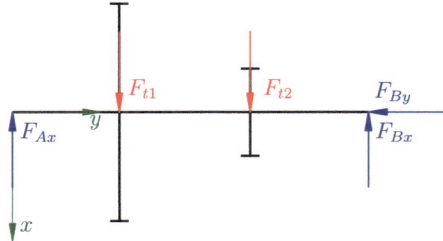

Abb. 71.2 Freigemachte Getriebewelle

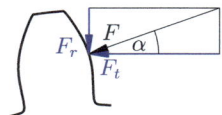

Abb. 71.3 Kräfte am Zahnrad

Bestimmung der Auflagerkräfte:

$\sum F_x = 0: \; F_{Ax} + F_{Bx} - F_{t1} - F_{t2} = 0 \Rightarrow F_{Ax} = F_{t1} + F_{t2} - F_{Bx}$
$\sum F_y = 0: \; F_{By} = 0$
$\sum F_z = 0: \; -F_{Az} - F_{Bz} - F_{r1} + F_{r2} = 0 \Rightarrow F_{Az} = -F_{Bz} - F_{r1} + F_{r2}$
$\sum M_{xA} = 0: \; -F_{r1}\, l_1 + F_{r2}\, (l - l_2) - F_{Bz}\, l = 0 \Rightarrow F_{Bz} = \dfrac{-F_{r1}\, l_1 + F_{r2}\, (l - l_2)}{l} =$

$\boxed{F_{Bz} = 961 \; N}$
$\boxed{F_{Az} = 58 \; N}$

$\sum M_{zA} = 0: \; -F_{t1}\, l_1 - F_{t2}\, (l - l_2) + F_{Bx}\, l = 0 \Rightarrow F_{Bx} = \dfrac{F_{t1}\, l_1 + F_{t2}\, (l - l_2)}{l} =$

$\boxed{F_{Bx} = 3840 \; N}$
$\boxed{F_{Ax} = 2960 \; N}$

$F_A = \sqrt{F_{Ax}^2 + F_{Az}^2} = \boxed{F_A = 2961 \; N} \qquad F_B = \sqrt{F_{Bx}^2 + F_{Bz}^2} = \boxed{F_B = 3958 \; N}$

Beispiel 72.1 – *Falltür:*
Eine Falltür, siehe Abb. 72.1, ist in den Auflagern A und B reibungsfrei drehbar und wird von einem Seil offen gehalten. Türangel A ist ein Festlager und Türangel B ein Loslager.
Gegeben sind:
Die Abmessungen der Tür (a, b), die Höhe h des Befestigungspunktes H, die Länge des Halteseils l und die Gewichtskraft F_G der Tür.
Bestimme die Lagerkräfte und die Seilkraft!

Abb. 72.1 Falltür

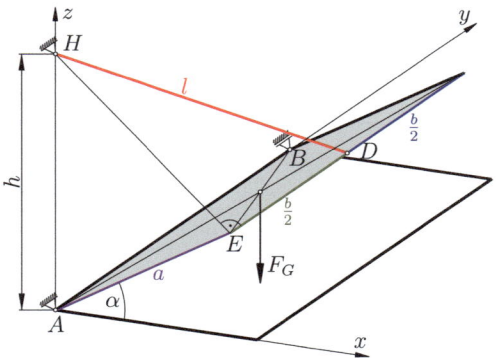

12.2 Gleichgewichtsbedingungen bei einem Raumkraftsystem

Zur Bestimmung des Winkels α werden die geometrischen Beziehungen des rechtwinkeligen Dreiecks DEH und des Dreiecks AEH verwendet. Aus dem rechtwinkeligen Dreieck DEH folgt $\overline{EH} = \sqrt{l^2 - \left(\frac{b}{2}\right)^2}$. Damit kann aus dem Dreieck AEH mit dem Cosinussatz der Winkel α bestimmt werden:

$$l^2 - \left(\frac{b}{2}\right)^2 = h^2 + a^2 - 2ah\cos(90° - \alpha) \rightarrow$$

$$\alpha = \arcsin\frac{h^2 + a^2 - l^2 + \left(\frac{b}{2}\right)^2}{2ah} \tag{73.1}$$

Die Komponenten der Seilkraft F_D ergeben sich, wenn man die Projektion der Seilkraft in der xz-Ebene betrachtet, siehe Abb. 73.1. Die projizierte Seilkraft F_{Dxz} hat die Richtung der Strecke EH.

$$\sin\gamma = \frac{h - a\sin\alpha}{\sqrt{l^2 - \left(\frac{b}{2}\right)^2}} \tag{73.2}$$

$$\cos\gamma = \frac{a\cos\alpha}{\sqrt{l^2 - \left(\frac{b}{2}\right)^2}} \tag{73.3}$$

$$F_{Dx} = F_{Dxz}\cos\gamma \tag{73.4}$$

$$F_{Dz} = F_{Dxz}\sin\gamma \tag{73.5}$$

$$\cos\epsilon = \frac{\sqrt{l^2 - \left(\frac{b}{2}\right)^2}}{l} \tag{73.6}$$

$$F_{Dxz} = F_D\cos\epsilon \tag{73.7}$$

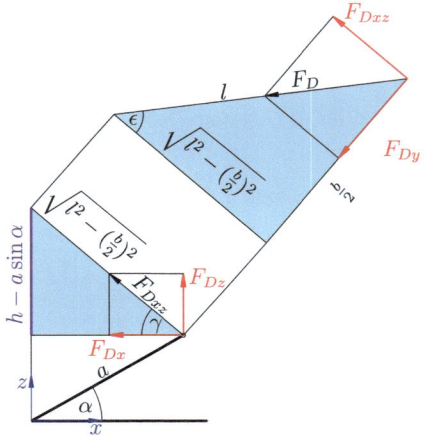

Abb. 73.1 Komponenten der Seilkraft F_D

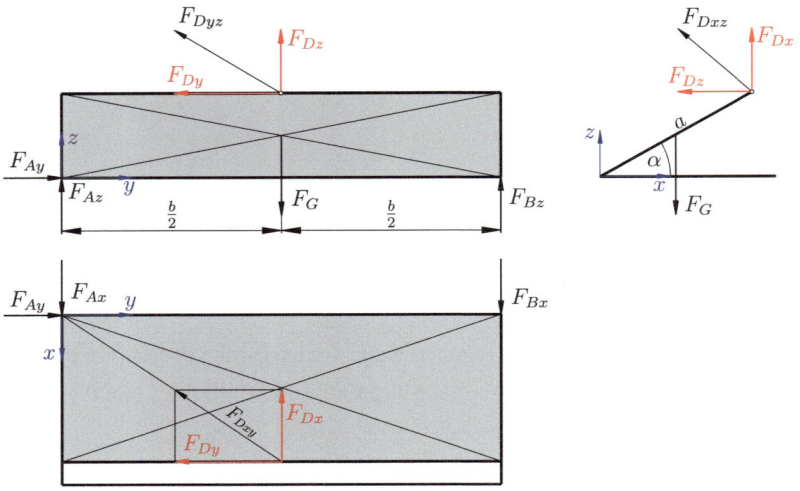

Abb. 74.1 Projektionsansichten der freigemachten Falltür

Das freigemachte System wird in den Projektionsansichten dargestellt, und die Gleichgewichtsbedingungen werden formuliert (siehe Abb. 74.1).

$$\Sigma F_x = 0: \quad F_{Dx} - F_{Ax} - F_{Bx} = 0 \qquad (74.1)$$

$$\Sigma F_y = 0: \quad F_{Ay} - F_{Dy} = 0 \qquad (74.2)$$

$$\Sigma F_z = 0: \quad F_{Az} + F_{Bz} + F_{Dz} - F_G = 0 \qquad (74.3)$$

$$\Sigma M_x = 0: \quad -F_G \cdot \frac{b}{2} + F_{Dz} \cdot \frac{b}{2} + F_{Dy} \cdot a \sin\alpha + F_{Bz} \cdot b = 0 \qquad (74.4)$$

$$\Sigma M_y = 0: \quad -F_G \cdot \frac{a}{2} \cos\alpha + F_{Dz} \cdot a \cos\alpha + F_{Dx} \cdot a \sin\alpha = 0 \qquad (74.5)$$

$$\Sigma M_z = 0: \quad F_{Dx} \cdot \frac{b}{2} - F_{Bx} \cdot b - F_{Dy} \cdot a \cos\alpha = 0 \qquad (74.6)$$

Aus Gl. 74.5 folgt mit Gl. 73.4 und 73.5:

$$-F_G \cdot \frac{a}{2} \cos\alpha + F_{Dxz} \sin\gamma \cdot a \cos\alpha + F_{Dxz} \cos\gamma \cdot a \sin\alpha = 0 \rightarrow F_{Dxz} = \frac{F_G \cdot \frac{a}{2} \cos\alpha}{\sin\gamma \cdot a \cos\alpha + \cos\gamma \cdot a \sin\alpha}$$

Setzt man Gl. 73.2 und 73.3 ein, so folgt:

$$F_{Dxz} = \frac{F_G \cdot \frac{1}{2} \cos\alpha}{\frac{h - a\sin\alpha}{\sqrt{l^2 - \left(\frac{b}{2}\right)^2}} \cdot \cos\alpha + \frac{a\cos\alpha}{\sqrt{l^2 - \left(\frac{b}{2}\right)^2}} \cdot \sin\alpha} = \frac{F_G \cdot \frac{1}{2}}{\frac{h - a\sin\alpha}{\sqrt{l^2 - \left(\frac{b}{2}\right)^2}} + \frac{a}{\sqrt{l^2 - \left(\frac{b}{2}\right)^2}} \cdot \sin\alpha} = \frac{F_G \cdot \frac{1}{2}}{\frac{h}{\sqrt{l^2 - \left(\frac{b}{2}\right)^2}}}$$

12.2 Gleichgewichtsbedingungen bei einem Raumkraftsystem

Mit Gl. 73.7 und 73.6 ergibt sich daraus:

$$F_{Dxz} = F_D \cos\epsilon = F_D \frac{\sqrt{l^2 - \left(\frac{b}{2}\right)^2}}{l} = \frac{F_G \cdot \frac{1}{2}}{\frac{h}{\sqrt{l^2 - \left(\frac{b}{2}\right)^2}}} \rightarrow$$

$$\boxed{F_D = F_G \cdot \frac{l}{2h}} \qquad (75.1)$$

Die Komponente F_{Dx} erhält man mit Gl. 73.4, 73.7, 73.3 und 73.6:

$$F_{Dx} = F_{Dxz} \cos\gamma = F_D \cos\epsilon \cos\gamma = F_D \frac{\sqrt{l^2 - \left(\frac{b}{2}\right)^2}}{l} \cdot \frac{a \cos\alpha}{\sqrt{l^2 - \left(\frac{b}{2}\right)^2}} =$$

$$\boxed{F_{Dx} = F_D \cdot \frac{a \cos\alpha}{l} = F_G \cdot \frac{a \cos\alpha}{2h}} \qquad (75.2)$$

Die Komponente F_{Dz} erhält man mit Gl. 73.5, 73.7, 73.2 und 73.6:

$$F_{Dz} = F_{Dxz} \sin\gamma = F_D \cos\epsilon \sin\gamma = F_D \frac{\sqrt{l^2 - \left(\frac{b}{2}\right)^2}}{l} \cdot \frac{h - a\sin\alpha}{\sqrt{l^2 - \left(\frac{b}{2}\right)^2}} =$$

$$\boxed{F_{Dz} = F_D \cdot \frac{h - a\sin\alpha}{l} = F_G \cdot \frac{h - a\sin\alpha}{2h}} \qquad (75.3)$$

Die fehlende Komponente F_{Dy} ergibt sich aus:

$$F_{Dy} = \sqrt{F_D^2 - F_{Dxz}^2}$$

Mit Gl. 73.7 und 73.6 wird daraus:

$$F_{Dy} = \sqrt{F_D^2 - (F_D \cos\epsilon)^2} = F_D \cdot \sqrt{1 - \cos^2\epsilon} = F_D \cdot \sqrt{1 - \frac{l^2 - \left(\frac{b}{2}\right)^2}{l^2}} =$$

$$\boxed{F_{Dy} = F_D \cdot \frac{b}{2l} = F_G \cdot \frac{b}{4h}} \qquad (75.4)$$

Aus Gl. 74.4 folgt mit Gl. 75.3 und 75.4:

$$F_{Bz} = \frac{F_G \cdot \frac{b}{2} - F_{Dz} \cdot \frac{b}{2} - F_{Dy} \cdot a \sin\alpha}{b} = \frac{F_G \cdot \frac{b}{2} - F_G \cdot \frac{h - a\sin\alpha}{2h} \cdot \frac{b}{2} - F_G \cdot \frac{b}{4h} \cdot a \sin\alpha}{b} =$$

$$\boxed{F_{Bz} = \frac{F_G}{4}} \tag{76.1}$$

Aus Gl. 74.3 folgt mit Gl. 76.1 und 75.3:

$$F_{Az} = F_G - F_{Bz} - F_{Dz} = F_G - \frac{F_G}{4} - F_G \cdot \frac{h - a\sin\alpha}{2h} = F_G \cdot \left(1 - \frac{1}{4} - \frac{h}{2h} + \frac{a\sin\alpha}{2h}\right) =$$

$$\boxed{F_{Az} = F_G \cdot \left(\frac{1}{4} + \frac{a \sin\alpha}{2h}\right)} \tag{76.2}$$

Aus Gl. 74.6 folgt mit Gl. 75.2 und 75.4:

$$F_{Bx} = \frac{F_{Dx} \cdot \frac{b}{2} - F_{Dy} \cdot a\cos\alpha}{b} = \frac{F_G \cdot \frac{a\cos\alpha}{2h} \cdot \frac{b}{2} - F_G \cdot \frac{b}{4h} \cdot a\cos\alpha}{b} =$$

$$\boxed{F_{Bx} = 0} \tag{76.3}$$

Aus Gl. 74.1 folgt mit Gl. 75.2 und 76.3:

$$F_{Ax} = F_{Dx} - F_{Bx} =$$

$$\boxed{F_{Ax} = F_G \cdot \frac{a\cos\alpha}{2h}} \tag{76.4}$$

Aus Gl. 74.2 folgt mit Gl. 75.4:

$$F_{Ay} = F_{Dy}$$

$$\boxed{F_{Ay} = F_G \cdot \frac{b}{4h}} \tag{76.5}$$

Lösung mit Hilfe der Vektorrechnung:

Der Winkel α muß wie zuvor aus der Geometrie bestimmt werden, vergleiche Gl. 73.1. Anschließend werden die Ortsvektoren der Kraftangriffspunkte bestimmt. Dies sind die Koordinaten der Punkte:

$$\mathbf{x_A} = \begin{pmatrix} 0 \\ 0 \\ 0 \end{pmatrix}, \quad \mathbf{x_B} = \begin{pmatrix} 0 \\ b \\ 0 \end{pmatrix}, \quad \mathbf{x_G} = \begin{pmatrix} \frac{a}{2}\cos\alpha \\ \frac{b}{2} \\ \frac{a}{2}\sin\alpha \end{pmatrix}, \quad \mathbf{x_D} = \begin{pmatrix} a\cos\alpha \\ \frac{b}{2} \\ a\sin\alpha \end{pmatrix}, \quad \mathbf{x_H} = \begin{pmatrix} 0 \\ 0 \\ h \end{pmatrix}$$

12.2 Gleichgewichtsbedingungen bei einem Raumkraftsystem

Die Kraftvektoren sind:

$$\mathbf{F_A} = \begin{pmatrix} F_{Ax} \\ F_{Ay} \\ F_{Az} \end{pmatrix}, \quad \mathbf{F_B} = \begin{pmatrix} F_{Bx} \\ 0 \\ F_{Bz} \end{pmatrix}, \quad \mathbf{F_G} = \begin{pmatrix} 0 \\ 0 \\ -F_G \end{pmatrix}, \quad \mathbf{F_s} = \lambda_s (\mathbf{x_H} - \mathbf{x_D}) = \lambda_s \begin{pmatrix} -a\cos\alpha \\ -\frac{b}{2} \\ h - a\sin\alpha \end{pmatrix}$$

Dabei ergibt sich die Richtung von $\mathbf{F_s}$ aus dem Endpunkt (Spitze) minus dem Anfangspunkt (Schaft). Da der Betrag der Kraft noch nicht bekannt ist, wird mit dem unbekannten Parameter λ_s multipliziert.

Die Gleichgewichtsbedingungen lauten:

$$\Sigma \mathbf{F} = \mathbf{F_A} + \mathbf{F_B} + \mathbf{F_G} + \mathbf{F_s} = 0$$

$$\Sigma \mathbf{M} = \mathbf{x_A} \times \mathbf{F_A} + \mathbf{x_B} \times \mathbf{F_B} + \mathbf{x_G} \times \mathbf{F_G} + \mathbf{x_H} \times \mathbf{F_s} = 0$$

Als Angriffspunkt der Seilkraft kann entweder der Punkt D oder der Punkt H gewählt werden. Die 3 Gleichungen aus den Gleichgewichtsbedingungen für die Summe der Kräfte sind dann:

$$\Sigma F_x = 0: \quad F_{Ax} + F_{Bx} - \lambda_s a \cos\alpha = 0 \qquad (77.1)$$

$$\Sigma F_y = 0: \quad F_{Ay} - \lambda_s \frac{b}{2} = 0 \qquad (77.2)$$

$$\Sigma F_z = 0: \quad F_{Az} + F_{Bz} - F_G + \lambda_s (h - a \sin\alpha) = 0 \qquad (77.3)$$

Für die Momentengleichgewichte müssen die Kreuzprodukte bestimmt werden:

Einschub: Vektorprodukt

Das Vektorprodukt ist im allgemeinen folgendermaßen definiert

$$\mathbf{a} = \begin{pmatrix} a_x \\ a_y \\ a_z \end{pmatrix}, \quad \mathbf{b} = \begin{pmatrix} b_x \\ b_y \\ b_z \end{pmatrix}, \quad \mathbf{a} \times \mathbf{b} = \begin{pmatrix} a_y b_z - a_z b_y \\ -(a_x b_z - a_z b_x) \\ a_x b_y - a_y b_x \end{pmatrix}$$

$$|\mathbf{a} \times \mathbf{b}| = |\mathbf{a}| \cdot |\mathbf{b}| \sin \angle(\mathbf{ab})$$

Wenn Vektor $\mathbf{a}$ der Ortsvektor $\mathbf{x_F}$ und Vektor $\mathbf{b}$ der Vektor der Kraft $\mathbf{F}$ ist, dann entsteht durch das Kreuzprodukt (Vektorprodukt) ein neuer Vektor, der normal zu $\mathbf{x_F}$ und $\mathbf{F}$ ist, vergleiche Abb. 78.1. Der Betrag dieses neuen Vektors entspricht dem Produkt aus Kraft und Normalabstand (vom Koordinatenursprung O gemessen). Er ist also das Drehmoment, das die Kraft $\mathbf{F}$ bezüglich dem Koordinatenursprung ausübt.

Abb. 78.1 Vektorprodukt

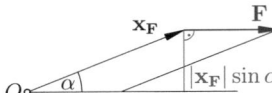

Damit werden die Drehmomente der Kräfte bezüglich des Koordinatenursprungs zu:

$$\mathbf{x_A} \times \mathbf{F_A} = \begin{pmatrix} 0 \\ 0 \\ 0 \end{pmatrix} \times \begin{pmatrix} F_{Ax} \\ F_{Ay} \\ F_{Az} \end{pmatrix} = \begin{pmatrix} 0 \\ 0 \\ 0 \end{pmatrix}, \quad \mathbf{x_B} \times \mathbf{F_B} = \begin{pmatrix} 0 \\ b \\ 0 \end{pmatrix} \times \begin{pmatrix} F_{Bx} \\ 0 \\ F_{Bz} \end{pmatrix} = \begin{pmatrix} bF_{Bz} \\ 0 \\ -bF_{Bx} \end{pmatrix}$$

$$\mathbf{x_G} \times \mathbf{F_G} = \begin{pmatrix} \frac{a}{2}\cos\alpha \\ \frac{b}{2} \\ \frac{a}{2}\sin\alpha \end{pmatrix} \times \begin{pmatrix} 0 \\ 0 \\ -F_G \end{pmatrix} = \begin{pmatrix} -F_G \frac{b}{2} \\ F_G \frac{a}{2}\cos\alpha \\ 0 \end{pmatrix}$$

$$\mathbf{x_H} \times \mathbf{F_s} = \begin{pmatrix} 0 \\ 0 \\ h \end{pmatrix} \times \lambda_s \begin{pmatrix} -a\cos\alpha \\ -\frac{b}{2} \\ h - a\sin\alpha \end{pmatrix} = \lambda_s \begin{pmatrix} h\frac{b}{2} \\ -ha\cos\alpha \\ 0 \end{pmatrix}$$

Somit ergeben sich die Gleichgewichtsbedingungen für die Momente:

$$\Sigma M_x = 0: \ bF_{Bz} - \frac{b}{2}F_G + \lambda_s h \frac{b}{2} = 0 \tag{78.1}$$

$$\Sigma M_y = 0: \ F_G \frac{a}{2}\cos\alpha - \lambda_s h a \cos\alpha = 0 \tag{78.2}$$

$$\Sigma M_z = 0: \ -bF_{Bx} = 0 \tag{78.3}$$

Aus Gl. 78.3 folgt: $F_{Bx} = 0$
Aus Gl. 78.2 folgt: $\lambda_s = \frac{F_G}{2h}$
Damit errechnet sich der Betrag der Seilkraft:

$$|\mathbf{F_s}| = \lambda_s \left| \begin{pmatrix} -a\cos\alpha \\ -\frac{b}{2} \\ h - a\sin\alpha \end{pmatrix} \right| =$$

$$|\mathbf{F_s}| = \lambda_s \sqrt{a^2\cos^2\alpha + \frac{b^2}{4} + h^2 + a^2\sin^2\alpha - 2ah\sin\alpha}$$

$$= \frac{F_G}{2h} \underbrace{\sqrt{a^2 + \frac{b^2}{4} + h^2 - 2ah\sin\alpha}}_{=l \text{ (aus Gl. 12.2)}} = \frac{F_G l}{2h}$$

Aus Gl. 78.1 folgt: $F_{Bz} = \frac{F_G}{2} - \lambda_s \frac{h}{2} = \frac{F_G}{4}$
Aus Gl. 77.3 folgt: $F_{Az} = F_G - F_{Bz} - \lambda_s(h - a\sin\alpha) = F_G(\frac{1}{4} + \frac{a}{2h}\sin\alpha)$

12.2 Gleichgewichtsbedingungen bei einem Raumkraftsystem

Aus Gl. 77.2 folgt: $F_{Ay} = \lambda_s \frac{b}{2} = \frac{F_G b}{4h}$

Aus Gl. 77.1 folgt: $F_{Ax} = \lambda_s a \cos\alpha - F_{Bx} = F_G \frac{a}{2h} \cos\alpha$

Zusammenfassung der Ergebnisse:

$$\boxed{\mathbf{F_A} = F_G \begin{pmatrix} \frac{a}{2h}\cos\alpha \\ \frac{b}{4h} \\ \frac{1}{4} + \frac{a}{2h}\sin\alpha \end{pmatrix}, \quad \mathbf{F_B} = F_G \begin{pmatrix} 0 \\ 0 \\ \frac{1}{4} \end{pmatrix}, \quad \mathbf{F_s} = \frac{F_G}{2h} \begin{pmatrix} -a\cos\alpha \\ -\frac{b}{2} \\ h - a\sin\alpha \end{pmatrix}} \quad (79.1)$$

$$\boxed{|\mathbf{F_s}| = \frac{F_G l}{2h}} \quad (79.2)$$

Literatur

1. BÖGE A., SCHLEMMER W.: Aufgabensammlung Technische Mechanik, 20. überarbeitete Auflage, Vieweg 2011
2. HOLZMANN G., MEYER H., SCHUMPICH G: Technische Mechanik Statik, 12. verbesserte Auflage, Vieweg+Teubner 2009
3. SCHREINER J.: Angewandte Physik 1, Hölder-Pichler-Tempsky 1983
4. STEGER H., SIEGHART J., GLAUNINGER E.: Technische Mechanik 1, Festigkeitslehre, Reibung, Statik, 4. Auflage, Hölder-Pichler-Tempsky 2014
5. WITTEL H., MUHS D., JANNASCH D., VOßIEK J.: Roloff/Matek Maschinenelemente, 21. vollständig überarbeitete Auflage, Springer Vieweg 2013
6. WOHLHART K.: Statik – Grundlagen und Beispiele, Braunschweig, Wiesbaden, Vieweg, 1998, (uni-script)

Stichwortverzeichnis

A
Axiome der Statik, 5
   Axiom über die Wechselwirkung der Kräfte, 10
   Befreiungsaxiom, 10
   Erstarrungsaxiom, 10
   Hinzufügen bzw. Entfernen einer Zwei-Kräfte-Gleichgewichtsgruppe, 5
   Parallelogrammaxiom, 6
   Trägheitsaxiom, 5
   Zwei-Kräfte-Gleichgewichtsaxiom, 5

B
Bauteil, flexibles, 11
Befreiungsaxiom, 10

C
Cremona Plan, 62
Culmann'sche Methode, 29

D
Dichte, 1
Drehmoment, 15

E
Einspannung, 11
Erstarrungsaxiom, 10

F
Fachwerke, 59
   Cremona Plan, 62
   rechnerische Lösung, 60
   Ritterschnitt, 64
   statische Bestimmtheit, 59
Festlager, 11
Flächenschwerpunkt, 37
Freiheitsgrad, 33
Freimachen von Bauteilen, 10
   Einspannung, 11
   Festlager, 11
   flexible Bauteile, 11
   Loslager, 11
   Zweigelenkstäbe, 11

G
Gewichtskraft, 4
Gleichgewicht, 41
   indifferentes, 42
   labiles, 41
   stabiles, 41
   von drei Kräften, 28
   von Kräften, 27
   von vier Kräften, 29
   von zwei Kräften, 27
Gravitation, 1, 3
Gravitationsgesetz, 3
Gravitationskraft, 4

Guldinsche Oberflächenregel, 39
Guldinsche Volumenregel, 39

K
Keilnutreibung, 46
Kräftegleichgewicht, 27–29
Kräftepaar, 15, 67
Kräftesystem, räumlich, 69
Kraft, 1
  resultierende, 19
  Zerlegung, 9
Kraft, resultierende, 19
  von 2 parallelen Kräften, 22
  von 3 Einzelkräften, 7
  von 3 Kräften (allg. Kraftsystem), 20
Kreuzprodukt, 77

L
Linienschwerpunkt, 35
Loslager, 11

M
Masse, 1
Moment, Resultierendes, 19
Momentenvektor, 67

N
Newtonsches Gesetz, 2

P
Parallelogrammaxiom, 6

R
Räumliches Kräftesystem, 69
Raumkraftsystem
  Gleichgewichtsbedingungen, 69
  Reduktion in einen Punkt, 69

Reibung, 43
  Keilnutreibung, 46
  Lager, 49
  Rollreibung, 54
  schiefe Ebene, 45
  Schraube, 49
  Schraube mit Flachgewinde, 49
  Schraube mit Trapez- oder Spitzgewinde, 52
  Seilreibung, 54
  Spurzapfen, 47
Reibungskegel, 46
Reibungskoeffizient, 45
Ritterschnitt, 64
Rollreibung, 54

S
Schlusslinienverfahren, 30
Schraube
  mit Flachgewinde, 49
  mit Trapez- oder Spitzgewinde, 52
Schwerkraft, 4
Schwerpunkt, 35
  von Flächen, 37
  von Linien, 35
Seileckverfahren, 24
Seilreibung, 54
Standsicherheit, 41

T
Trägheitsaxiom, 5

V
Vektorprodukt, 77

Z
Zwei-Kräfte-Gleichgewichtsaxiom, 5
Zweigelenkstab, 11

MIX
Papier aus verantwortungsvollen Quellen
Paper from responsible sources
FSC® C105338

If you have any concerns about our products,
you can contact us on
ProductSafety@springernature.com

In case Publisher is established outside the EU,
the EU authorized representative is:
**Springer Nature Customer Service Center GmbH
Europaplatz 3, 69115 Heidelberg, Germany**

Printed by Libri Plureos GmbH
in Hamburg, Germany